ETOLOGÍA CANINA

GUÍA BÁSICA SOBRE EL COMPORTAMIENTO DEL PERRO

Rosana Álvarez Bueno

Es propiedad de:

© 2018 Amazing Books S.L.

www.amazingbooks.es

Editor: Javier Ábrego Bonafonte.

Pº de la Independencia Nº 24-26.

8ª planta, oficina 12.

50004 Zaragoza - España.

Primera edición: Enero 2018

ISBN: 978-84-17403-02-7

Depósito Legal: Z 77-2018

Como citar este libro:

- Editorial Amazing Books.

Presentación del libro

http://amazingbooks.es/

A mi familia de 2 y de 4 patas, que siempre está ahí

para apoyarme incondicionalmente haga lo que haga.

A los que están presentes y a todos los que se quedaron

en el camino, aunque siguen siempre con nosotros.

ÍNDICE

Presentación

Este proyecto nace de la colaboración entre Amazing Books y Etolia (Rosana Álvarez) con el fin de hacer llegar a todos los propietarios de mascotas y a los profesionales, tanto veterinarios como educadores caninos, información veraz y científica sobre el comportamiento de los perros.

El comportamiento es la expresión de la respuesta del animal a su medio interno y al entorno que le rodea. Todo lo que piensa, siente y padece se refleja en su conducta.

Es muy importante que los profesionales puedan asesorar a sus clientes mediante una herramienta práctica donde figuren la mayoría de las situaciones cotidianas que se pueden encontrar con sus perros y, por otro lado, que los propietarios puedan recurrir a un documento serio donde encontrar las respuestas a sus preguntas.

El veterinario podrá recurrir a este libro para obtener una información global y actual sobre cómo se comporta un perro en diferentes situaciones y dispondrá, a través de él, de una herramienta ágil para asesorar a sus clientes. El propietario, por su parte, podrá valerse de él como un documento de consulta al que acudir en cualquier momento en que lo necesite y hallar esa información que busca de forma sencilla y rápida, sabiendo que es correcta y actualizada.

La prevención es la mejor arma de que se dispone frente a los problemas que pueden sobrevenir a nuestros perros y, en el caso del comportamiento, no es diferente sino más importante aún.

Según el Estudio de Abandono y Adopción 2016 de la Fundación Affinity, en el año 2015 fueron recogidos más de 137.000 perros y gatos en España y el 15% de ellos fueron abandonados por un problema de comportamiento. Queremos contribuir a disminuir esta cifra y por ello queremos enseñarles a conocerlos.

Los perros desempeñan una labor fundamental en nuestra sociedad. Su compañía produce al humano muchos beneficios, tanto físicos y psíquicos como a nivel social, así como el desempeño de multitud de labores de trabajo a nuestro servicio. Pero para convivir en equilibrio, hace falta educación, y para educar a un animal es necesario conocer cómo aprende, cómo se comporta y cuáles son los principales problemas que se pueden producir en el día a día.

La Etología es la herramienta que nos va a ayudar a conseguirlo y mediante este libro, particulares y profesionales podrán entender cuál es el origen de los distintos comportamientos y las principales acciones que debemos emprender para paliarlos y prevenirlos.

Situaciones cotidianas como tirar de la correa, habituar al perro al uso del bozal o la agresividad entre los perros que conviven en un hogar, tendrán su explicación en este libro y usted podrá consultarlas en forma de guía práctica.

Esperamos que ustedes reciban con ilusión este proyecto, tanta como a nosotros nos hace el crearlo.

Presentación de la autora

Etolia
etología veterinaria

ROSANA ÁLVAREZ BUENO

Licenciada en Veterinaria y en Ciencia y tecnología de los alimentos por la Universidad de Córdoba.

Máster en Etología clínica y bienestar animal por la Universidad de Zaragoza.

Miembro de AVEPA (Asociación de veterinarios especialistas en pequeños animales), de su grupo de etología (GrETCA) y de la European Society of Veterinary Clinical Ethology (ESVCE).

Acreditada AVEPA en Medicina de comportamiento.

Responsable de Etolia. Etología veterinaria, desempeñando un servicio de especialidad veterinaria en medicina del comportamiento en Málaga desde el año 2006.

Actualmente prestando servicio de consulta en Centro Veterinario de Referencia Bahía de Málaga.

Formadora en cursos de etología y educación canina a nivel nacional e internacional.

Ponente en diversos seminarios y congresos.

Colaboradora en diversos blogs y publicaciones.

Community manager en Etolia.

En Etolia contamos con tres pilares básicos para tratar a tu mascota:

1. Amplios conocimientos en etología y más de 10 años de experiencia profesional en el tratamiento de casos de comportamiento animal.

2. Una filosofía de trabajo basada en el cuidado y respeto absoluto al bienestar de los animales.

3. Vocación, esa pasión que nos lleva a dar lo mejor de nosotros mismos e implicarnos al 100% con cada mascota.

CAPÍTULO 1

¿NECESITO UN PERRO?

Todos sabemos o conocemos por distintos casos y por lo que vemos y leemos en las noticias y en la red, que un perro aporta compañía y otros beneficios: sociales, psicomotores, psicológicos. Nos hace salir de casa, relacionarnos, nos proporciona tranquilidad y alivio en determinadas situaciones de estrés y soledad.

Pero un perro es un ser vivo y, además, de otra especie. Es un individuo que siente y padece, cuyo organismo funciona de manera similar al nuestro y que, sobre todo, tiene unas necesidades propias de su especie que deben ser satisfechas si queremos que su bienestar sea óptimo y se mantenga en el tiempo.

Si a esto añadimos el efecto de la neotenia –que es el mantenimiento de las características juveniles del lobo joven en la etapa adulta del perro doméstico– podemos conseguir un acompañante fiel, juguetón y activo durante toda su vida (entre 10 y 16 años de la tuya aproximadamente).

El perro pasará por distintas etapas a lo largo de su vida y su comportamiento se irá adaptando a su condición física y psicológica y a su entorno. Parte de su conducta viene predeterminada por la genética, tanto de la especie, como de la raza y del individuo. Pero los primeros meses de cría con su madre y hermanos de camada, así como lo concerniente a la socialización, el entorno y la educación que se le aporten, moldearán esa predisposición hasta convertir su comportamiento en un modelo estable y equilibrado.

Todo lo que sufra el animal desde la etapa prenatal (en el vientre materno), hasta la de adulto y la vejez, unido a su genética, condicionará su comportamiento. Es uno de los datos importantes que debes conocer, porque cuando tengas a tu perro no puedes limitarte a que simplemente pase el tiempo y ocurran las cosas, tienes que hacer que ocurran de una determinada manera para formar a ese individuo en lo que va a ser en un futuro: un perro educado y equilibrado.

Para ello necesitarás fuertes dosis de tiempo, paciencia, humor, dedicación y refuerzo positivo, sin olvidar el dinero para sufragar los gastos obligatorios derivados de la atención veterinaria, equipamiento, educación y sustitución de enseres y mobiliario que puedan verse afectados.

Si ponemos en una lista lo que necesita un perro en su día a día, quedaría como sigue:

- Tiempo, tiempo y tiempo. Fíjate que lo digo varias veces para recalcarlo aún más y porque es imprescindible que dispongas de tiempo en tu vida para dedicarle a un perro. Ahora verás por qué.

- Atención sanitaria y etológica. Tu perro necesitará ir al veterinario para los tratamientos preventivos obligatorios y, además, para lo que surja (una herida, una diarrea, cambios en su comportamiento, una caída, una cojera, un cuerpo extraño, etc.). Ten en cuenta que algunas veces puede que sea necesaria una cirugía. A los humanos nos subvenciona el estado la sanidad, a los animales no.

- Educación: si no sabes cómo educar a tu perro, necesitarás a un profesional cualificado que te lo enseñe. Puedes tardar bastante tiempo y la educación debes practicarla siempre. Los ejercicios que practiques con tu perro le servirán de enriquecimiento mental. Y quién sabe, si tienes un perro con alta capacidad de aprendizaje tendrás que tenerlo más estimulado.

- Salir a la calle: aunque vivas en un chalet con seis mil metros de parcela, tu perro seguirá necesitando salir a pasear. Repasa el siguiente punto.

- Explorar y experimentar: todo lo que percibe un perro a través de sus sentidos es susceptible de producir aprendizaje. Los perros, sobre todo los cachorros y en la etapa juvenil, tienen una capacidad exploratoria muy acusada. Si no se le da salida a esta capacidad natural, pueden comenzar a sobrevenir problemas de comportamiento derivados de la incapacidad de poder satisfacer esta necesidad de comportamiento.

- Necesidades fisiológicas: además de la exploración, tu perro deberá poder hacer sus necesidades donde él mismo elija, seleccionando la zona mediante el olfateo. Quizás también quiera marcar su territorio. Para todo ello tendrás que pasearlo varias veces al día, con un mínimo razonable de tres.

- Paseo: el ejercicio físico es una necesidad básica para cualquier ser vivo y tu perro no va a ser menos. El paseo con tu perro conduce a muchas cosas positivas: él se sentirá mejor, podrá estimular sus sentidos además de mover las piernas, fomentará el vínculo contigo, pasaréis buenos ratos juntos. Es fundamental que el paseo sea una actividad agradable y placentera. Por ello este debe hacerse con una correa que permita los movimientos del perro, es decir, lo suficientemente larga; con un arnés o collar que no apriete, ahogue, roce o duela; permitiendo al perro olfatear lo que desee y sin utilizar castigos ni refuerzos negativos. Aunque te pueda parecer tonto, es muy importante que tu perro no establezca asociaciones negativas con el entorno, incluyendo otros individuos. Si tienes un perro con alto nivel de actividad, necesitarás invertir más tiempo en el paseo o practicar algún deporte canino.

- Juego: tu perro tiene que jugar diariamente. El juego es aprendizaje y estimulación. Puede jugar solo, para lo que deberá tener disponibles siempre varios juguetes de diferentes texturas y adaptados a su tamaño que deberás ir rotando para fomentar la motivación. Y también debe jugar contigo, otra actividad que fomenta el vínculo positivo y duradero. Hay todo un mundo de juguetes disponibles, pero recuerda que deben ser aptos para su tamaño y fuerza y de buena calidad, si quieres evitar que exista peligro de rotura, ingestión o intoxicación.

- Rutina: una rutina mantenida proporciona estabilidad emocional y previsibilidad. Esto no significa que no te puedas salir de la misma. A tu perro le encantará hacer cosas divertidas y que lo impliquen a él, pero lo básico, lo que necesita a diario, debe permanecer siempre.

- Alimentación: en base a su especie y de la mejor calidad que puedas permitirte, ya que esto condicionará su salud.

- Relaciones sociales: el perro es un animal social y como tal necesitará ver, interaccionar y jugar con otros individuos de su especie y de otras. Facilitar estas relaciones proporcionará a tu perro bienestar. Y no, no es suficiente con tener otro perro.

- Descanso: tu perro tiene que descansar, claro, y para descansar hay que estar cómodo y tranquilo. Así que tendrás que proporcionarle un sitio agradable y confortable para ello y respetarlo cuando se encuentre allí. Probablemente quiera estar a tu lado en casa, o al menos cerca, por lo que no pretendas que la cocina sea este sitio, a no ser que tú estés en ella.

- Consistencia y coherencia: la consistencia en la educación y en las interacciones y la coherencia con lo que haces, son reglas fundamentales para relacionarse con un perro. Esto quiere decir que se debe intentar hacer las cosas siempre de la misma manera, por todas las personas que conviven con el perro y que se esté seguro de lo que se le va a permitir y lo que no. Si continuamente cambiamos de idea o utilizamos a veces el castigo o el rechazo para conductas que otras veces reforzamos positivamente, estaremos creando confusión, estrés y frustración, sentimientos que conllevan la pérdida del bienestar y que conducen a comportamientos inadecuados. No hagas a tu perro el responsable de tus problemas, él siempre tendrá para ti una sonrisa.

Recuerda que todas estas premisas deben cumplirse, tanto si es un perro pequeño como si es grande. Un caniche también debe salir, correr y relacionarse, no le basta con 60 metros cuadrados de casa.

Hazte ahora la pregunta que titula este capítulo. Quizás te lo pienses un poco mejor, ¿verdad? Pero nunca olvices lo que él te ofrecerá a cambio de todo esto: compañía en tus mejores y peores momentos, una sonrisa siempre disponible, reducción de tu estrés y de tu ritmo cardíaco, amistades y relaciones, una terapia para tus problemas. Así que ya sabes, si te decides, hazlo con conocimiento y disfrútalo, porque, lamentablemente, el tiempo pasa volando (Img. 1).

Imagen 1. Momentos cotidianos que proporciona la compañía de un perro. Perros y gatos son a menudo compañeros inseparables.

CAPÍTULO 2

¿QUÉ PERRO ELIJO?

En la mayoría de las ocasiones la gente suele ceñirse a la raza para decidir sobre unos patrones morfológicos y de carácter preferidos a la hora de adquirir un perro. Esto, por una parte, es acertado y por otra, bastante menos.

Te lo explico a continuación.

Durante la domesticación del perro – proceso que ha tenido lugar durante miles de años – los humanos pretendieron seleccionar a los individuos que mejor se adaptaban a la función para la que los iban a destinar, es decir, el trabajo de caza, de protección, etc. Fue a partir de esto que se empezaron a crear las diferentes razas, pero no siempre fueron los mismos criterios los predominantes. No obstante, en la antigüedad primaba la funcionalidad sobre la estética. Es decir, se podía encontrar mayor diversidad morfológica dentro de una misma raza.

Cuando en la Edad Moderna se introdujeron los estándares raciales debido a la creación de los clubes de raza, se pretendió que todos los individuos pertenecientes a una misma raza cumplieran con unos requisitos y valoraciones, tanto morfológicas como de carácter. Esto no quiere decir que cumplir esos requisitos haga al perro mejor o peor, simplemente se trata de cumplir unas características de uniformidad. Desde este punto de vista, impera la estética sobre la función, ya que esta última ha ido siendo cada vez menos importante, exceptuando en los auténticos perros de trabajo.

Pero ¡ay, amigos!, no todo el mundo cumple las reglas ni cría con conocimientos ni patrones estandarizados. Además, la cría no es controlada, por lo que se permiten prácticas muy extendidas, como la endogamia y las camadas incontroladas.

Por lo tanto, hoy en día no debemos considerar las características del estándar racial como a cumplir por todos los individuos que pertenezcan a esa raza, sino más bien la dirección es la inversa: un individuo de una raza concreta puede, y solo puede, que cumpla alguno de los cánones indicados en su estándar.

Así, en la actualidad, debemos fijarnos más en características conductuales individuales que raciales. Y dentro de las características raciales, prestaremos más atención a algunas como la actividad y la excitabilidad, que se ha visto que son más atribuibles al factor raza que otras.

Imagen 1: Diversidad racial existente en el planeta.

Sin embargo, es obvio que la raza ha venido determinada por la genética, y por tanto, sí existe una influencia innegable atribuible a la misma. Pero también es cierta la teoría de que el comportamiento es el resultado de la interacción compleja entre genes y medio ambiente.

Como resultado de todo esto, te recomendamos que no hagas a la raza la reina de tu decisión. Puedes usarla, sí, pero sin olvidar elementos como la genética, la cría, el ambiente, la educación y el asesoramiento etológico individualizado desde el principio.

Pero no nos limitemos al comportamiento. Existen otros factores que pueden hacerte tomar una decisión como, por ejemplo:

• El tipo de manto, que condicionará el tiempo que debas dedicarle a su cuidado y que deberás elegir en función de la climatología de tu lugar de residencia.

- La mandíbula, que condicionará la capacidad destructiva al jugar y morder o explorar objetos de su entorno.

- El tamaño, que dependerá del espacio de que dispongas para que el perro pueda moverse y jugar libremente. Además, condicionará su periodo vital (las razas pequeñas son más longevas).

- La edad, que te dará pistas sobre todo en cuanto a su posible nivel de actividad y cuidados.

- El sexo, aunque no es decisivo, pero suelen ser más asequibles las hembras.

- La edad y el lugar de adopción serán factores a tener en cuenta en cuanto a calidad de experiencias anteriores, patologías padecidas, comportamientos adquiridos y cuidados a otorgar.

Todo ello tendrás que tenerlo en cuenta a la hora de introducir a este nuevo individuo en tu vida, para que os acopléis lo mejor posible (Img. 1).

CAPÍTULO 3

¿MI PERRO ES UN LOBO?

Es un hecho demostrado que el perro desciende del lobo – comparten en un 99,8% la secuencia del ADN mitocondrial – y se originó a partir de diferentes poblaciones de lobos hace 15.000 años según restos arqueológicos, aunque la genética molecular lo sitúa en 100.000 años atrás.

Pero el perro no es un lobo, hay muchos cambios que se han producido durante el periodo de domesticación. Entre ellos se encuentra el periodo de socialización.

En el perro este periodo va desde la 3ª hasta la 12ª semana de vida aproximadamente. Y es tan importante que es como una ventana en el tiempo, que se cierra y no vuelve a abrirse más. Este periodo se ha hecho más tardío y más duradero con la domesticación. Durante ese tiempo, el perro debe habituarse al contacto con todo tipo de estimulación posible, para poder ser equilibrado en el entorno en el que viva en un futuro.

En el lobo, este periodo comienza antes de que los lobeznos hayan abierto los ojos, aproximadamente a los 9-10 días, por lo que en ellos la impronta es olfativa, a diferencia de los perros, en los que es visual. Los lobeznos de 2 semanas de edad ya exploran su entorno, cuando ni siquiera ven, ni oyen. Los cachorros de perro tienen que esperar hasta las 3 semanas para poder estar de pie y explorar con todos los sentidos ya en funcionamiento, y es a partir de aquí cuando comienza su periodo de socialización.

Así, la experiencia sensorial es muy distinta en las dos especies. Por ello es tan difícil que un lobo socialice con personas, ya que tendría que estar en contacto con ellas a partir de la segunda semana de vida. Se ha demostrado, además, que el tiempo de contacto con la otra especie para que se produzca la impronta debe ser de casi 24 horas al día. Como comprenderás, esto es muy, muy difícil. Sin embargo, al perro le basta con un contacto mucho más débil: 2 o 3 horas a la semana durante el periodo crítico.

Dmitri Konstantinovich Belyaev fue un genetista ruso que se enfrentó a las prohibiciones del régimen de su país y de su época – la genética estaba totalmente prohibida hasta el punto de que el que la practicara sería arrestado y fusilado, como lo fue su hermano – y que gracias a su experimento consiguió explicar por fin cómo el lobo pudo evolucionar hasta ser un perro.

Este experimento muestra un mecanismo biológico llamado autoselección, que explicaría que los lobos no fueron manipulados por el hombre y criados intencionadamente para conseguir seres mucho más amables que pudieran convivir con ellos y ayudarles en la caza, sino que lo que ocurrió fue que fueron seleccionándose los ejemplares de lobos que eran capaces de aproximarse a los restos de los nuevos asentamientos humanos para alimentarse, ya que para poder acercarse al humano necesitaban ser lobos que mostraran unas cualidades especiales: menos miedo, más docilidad, menor distancia de fuga, más interés y curiosidad por acercarse a otra especie con la que hasta entonces habían competido.

El hombre no tocó a aquellos lobos, lo que ocurrió fue una autoselección generación tras generación sobre aquellos ejemplares con más sociabilidad, perpetuando esa característica en los descendientes. Y lo más asombroso fue que la selección de solo esta característica, es decir el comportamiento, produjo una serie de cambios morfológicos que fueron los que llevaron a conformar una nueva especie: el perro.

Y de esta autoselección y de esos cambios es de lo que habla el experimento de Belyaev. Este científico trabajaba en Novosibirsk junto con su colega Lyudmila N. Trut, en una granja de zorros plateados rusos (*Vulpes fulvus*), que se criaban para obtener su piel, muy valorada en la época. Lo que hizo fue comenzar a criar con aquellos zorros que eran más mansos, debido a que el manejo en la granja de estos animales era muy complicado por sus reacciones salvajes de pánico. De manera que eligió a aquellos en los que predominaba un comportamiento de exploración y curiosidad, frente al comportamiento más salvaje, y empezó a cruzarlos. Siguió haciendo lo mismo con las sucesivas generaciones seleccionando cada vez más concretamente el carácter de acercamiento voluntario al humano.

Pensarás que se podría tardar muchísimos años en ver los efectos, pero él lo consiguió en solo 45 generaciones. Y ya tenían zorros que interaccionaban con ellos, se subían encima, solicitaban atención y comida, permitían que se les rascara la barriga, que se les cogiera en brazos y acudían a la llamada. Es decir, habían conseguido zorros domesticados, como un perro. Pero lo más sorprendente es que no solo se comportaban como perros, sino que su físico había cambiado y se asemejaban más a perros que a zorros: los cráneos eran más pequeños, las colas enroscadas hacia arriba, orejas caídas, distintos colores de manto incluidos los colores píos, ladraban para pedir atención, las hembras tenían dos celos al año, etc.

Es decir, había conseguido solamente seleccionando el comportamiento de acercamiento al humano, que otras características físicas cambiaran. Y esto es lo que ocurrió con la domesticación de nuestro mejor ami-

go, el perro. En este enlace puedes ver explicado cómo ocurrió:
https://www.youtube.com/watch?v=QCXJtCWGGjE

Y mediante este proceso de autoselección, y gracias a nuestro amigo el perro, se ha inferido y se está demostrando que este proceso ocurre y está ocurriendo en otras especies, tales como el Bonobo e incluso el hombre. La autoselección de características de comportamiento de menor agresividad a más tolerancia y acercamiento hacia los individuos de su propia especie o de otras produce individuos más adaptados a la supervivencia en el medio en el que viven, cambiando a su vez la morfología de la especie.

Belyaev fue un héroe en su época. Su experimento fue quizás el experimento genético más importante del siglo XX. Fue uno de esos científicos que arriesgan hasta su vida para que otros que vienen después puedan conectar sus hipótesis y demostrarlas, y así resolver el maravilloso puzzle de la ciencia. En este caso el puzzle de la domesticación del perro.

La domesticación ha originado cambios morfológicos y de conducta desde la especie antecesora (el lobo) hacia la doméstica (el perro):

- Reducción general del tamaño (Imgs.1 y 2).

- Cambios en el color del manto (Img.3).

- Acortamiento de las mandíbulas, y reducción del tamaño de los dientes.

- Disminución en el tamaño del cerebro y de la capacidad craneal.

- Desarrollo de un pronunciado declive vertical en la parte frontal del cráneo.

- Caída de las orejas.

- Menor preparación en la conducta de fuga y reacciones generales de emergencia más débiles.

Imagen 1. Este perrito tiene un tamaño de unos 3 kg.

Imagen 2. Este lobo tiene un tamaño de unos 45 kg.

- Menor actividad global y una distribución más uniforme de esa actividad a lo largo del fotoperiodo. Así mismo, tienen una menor influencia estacional.

- Los lazos sociales son más difusos y muestran una disminución en la complejidad y diferenciación social a la vez que un aumento en la compatibilidad social.

- Poseen una conducta sexual muy intensificada y quizás una agresividad intraespecífica mayor.

- Aumento de marcaje con orina, ladrido, relaciones con extraños, lamido facial, adiestrabilidad.

- Disminución en predación y neofobia alimentaria.

El conjunto de cambios producidos por la domesticación se explica en el concepto de neotenia, que se define como un retraso en el desarrollo que conlleva una retención de caracteres juveniles en el adulto. Algunas diferencias de comportamiento entre razas son asimismo consecuencia de sus diferentes grados de neotenia.

Imagen 3. Variedad de colores en la capa de un perro introducida por los sucesivos cruces en la selección artificial.

CAPÍTULO 4

EL PERRO, UN ANIMAL SOCIAL

En los animales que han sufrido un proceso de domesticación, como es el caso del perro, la conducta social ha sufrido modificaciones respecto del animal que originó la nueva especie domesticada, por lo que es difícil estudiarla. Por tanto, hay que basarse en los modelos conductuales del ancestro para poder definir el comportamiento. Y en el caso del perro nos basamos, además, en poblaciones de perros asilvestrados.

El modelo de conducta social del perro doméstico, es decir, aquellas conductas que dirige hacia los individuos del grupo con el que se relaciona, procede del desplegado por el lobo. Así, el perro es una especie social y gregaria. La diferencia con el lobo es que el perro puede incluir en su grupo a individuos de especies distintas, como el hombre o el gato, con los que puede vincularse durante el periodo de socialización.

La conducta social se resume en dos grupos principales de conductas:

- Conductas agonísticas: aquellas que se dan en un conflicto social: agresividad, miedo, huida y comportamientos de apaciguamiento.

- Conductas afiliativas: aquellas que están dirigidas a mantener la cohesión del grupo.

Las conductas agonísticas y las afiliativas constituyen dos fuerzas contrapuestas que proporcionan equilibrio al grupo.

Los lobos que viven en libertad forman grupos sociales familiares en los que no es frecuente la conducta agresiva. La conducta social del lobo se desarrolla dentro de su grupo o manada, basada en una jerarquía familiar, no lineal, relaciones de dominancia/sumisión comunicadas con un lenguaje ritualizado y conductas afiliativas. La conducta social también es dirigida hacia otras manadas y en este caso estaría basada sobre todo en defender el territorio. Cuando se agrupan, los lobos comparten un mismo territorio, cooperan en la caza de las presas y en el cuidado de las crías, así como en la defensa de su manada y de su espacio de otros individuos (Img.1).

El perro es una especie con una conducta social acentuada, al igual que el hombre. Ambas especies disfrutan de la compañía de otros. Pero muchos problemas de conducta son debidos a una falta de adaptación al entorno de convivencia con el hombre.

La conducta social del perro doméstico que forma parte de un grupo estable se basa en las distintas circunstancias que viva diariamente, según los individuos que participen y los resultados de esas interacciones. También influyen los ciclos sexuales que manifiesten y en el aprendizaje de las conductas de los demás individuos y sus resultados. Es decir, las experiencias diarias van a condicionar el aprendizaje y más tarde actuarán según lo aprendido en situaciones similares.

Se debe entender esta alta capacidad social del perro como una necesidad que hay que satisfacer diariamente, bien con individuos de su especie o bien de otras con las que le guste estar, como el humano. Esto es importante, además, porque algunos problemas de comportamiento se derivan de una falta de cobertura social. La existencia de modelos de convivencia en los que

Imagen 1. Individuos pertenecientes a una manada de lobos.

Imagen 2. Perros pertenecientes a un grupo que convive unido y compartiendo rutina y relaciones.

los perros pasan días y días solos debe convertirse en algo para recordar (Img.2).

CAPÍTULO 5

LAS DIFERENCIAS ENTRE RAZAS

En la antigüedad, como comentábamos en el capítulo 2 de este libro, las razas se seleccionaron por su funcionalidad, no por su belleza. Es decir, la funcionalidad para distintos trabajos fue lo que modificó poco a poco el aspecto externo del perro para dar lugar con el tiempo a multitud de formas distintas: las razas.

La primera sociedad canina que marcó unos estándares de raza fue el Royal Kennel Club en el reino Unido a mediados del siglo XIX. Dentro del estándar de cada raza se describen las características que debe cumplir un ejemplar para poder pertenecer a una raza concreta. Pero el estándar no describe el comportamiento que tendrán todos los individuos de una raza, sino unas características físicas y conductuales que deben cumplir.

Recordemos que la variabilidad en la conducta se debe a una mezcla de factores genéticos y ambientales. No en vano, la conducta es el resultado de la interacción compleja entre genes y medio ambiente.

Existen, pues, diferencias entre razas en lo que a la conducta se refiere, pero dentro de la raza también se observa una enorme variabilidad, dependiendo de la línea genética y de la capa, de las diferencias entre sexos y de la influencia de los factores ambientales.

En la actualidad, existe poco control sobre la cría de perros y pocos criadores que hagan una cría responsable. Además, se cría atendiendo a valores de belleza, no de funcionalidad para un trabajo. Esto ha hecho que en las distintas razas aparezcan defectos, tanto físicos como conductuales, en ocasiones incompatibles con la vida.

En cuanto a cómo se hereda una conducta, el miedo es la conducta que genéticamente posee una mayor heredabilidad- que es la proporción de un rasgo de carácter que es debido a la genética-, entre un 0,4 y un 0,5. En lo que se refiere a la agresividad, la heredabilidad es de baja a moderada.

El más famoso e importante estudio sobre la heredabilidad de la conducta fue el llevado a cabo por los científicos Scott y Fuller en los años 50 y durante 13 años. Estudiaron individuos de 5 razas: Basenji, Fox Terrier, Beagle, Pastor de Shetland y Cocker Spaniel. El estudio se llevó a cabo manteniendo las mismas condiciones para todos los individuos y se encontraron diferencias entre razas en todos los caracteres de conducta estudiados, aunque también se encontraron variaciones individuales dentro de las razas.

Otro estudio llevado a cabo más tarde, en los 80, por el Dr. Hart llegó a conclusiones similares, esta vez teniendo en cuenta 56 razas y 13 caracteres de conducta. Se encontró que el efecto de la raza en la conducta era distinto según el carácter estudiado.

Así, hoy es preferible adoptar un perro mestizo al que se le haga previamente un análisis de la conducta por un profesional acreditado para comprobar que se ajuste a tus condiciones de vida, que un perro de una raza determinada esperando que cumpla unos estándares de comportamiento o físicos, a no ser que tengas mucho dinero para gastar y que te asegures que el criador cumple con todas las premisas teóricamente ideales para una buena cría: selección genética de padres, no criar con individuos cuyos defectos físicos o de carácter puedan ser transmisibles, pruebas médicas que corroboren la inexistencia de enfermedades hereditarias, cuidado de las madres en gestación y lactancia y de los cachorros en periodo de socialización, entrega responsable no antes de tiempo de los cachorros, seguimiento de los mismos y asesoramiento al propietario.

Sea como sea, si quieres asegurarte en la mayor medida posible de que un perro va a ajustarse a tu vida, tendrás que contar con un asesoramiento adecuado durante el tiempo necesario. Es un error elegir a tu perro solamente por la raza (Img.1). Deberás tener en cuenta muchos otros factores: dónde lo compras o lo adquieres, quiénes y cómo son sus padres, cómo pasó los 3 primeros meses de vida y los siguientes, quién es el criador y cómo trabaja, si hay endogamia en su familia, si es cachorro o adulto, el tamaño, el sexo o si tienes un profesional veterinario que te asesore, entre otros.

Imagen 1. Distintas razas de perro que se diferencian por su morfología

CAPÍTULO 6

¿CÓMO PERCIBE MI PERRO EL MUNDO?

Conocer cómo percibe el perro el mundo, qué engloba los sentidos que intervienen y cómo funcionan estos va a condicionar nuestra comprensión e interpretación sobre su comportamiento. Con frecuencia tendemos a hacer interpretaciones erróneas que se basan en nuestra percepción y no en la suya. Seguramente, después de leer este capítulo, algunas conductas nos quedarán más claras.

Los sentidos son la primera vía de adquisición de información del entorno.

Hay que saber, para entender cómo funcionan sus sentidos y hacia dónde están orientados, que el perro procede de una especie que es un carnívoro cazador y social.

En el perro, dos sentidos son fundamentales para la recepción y transmisión de los mensajes — es decir, la comunicación — y para la comprensión del entorno: la vista y el olfato.

La vista es la más inmediata vía de entrada de los mensajes del lenguaje corporal y el olfato del lenguaje olfativo y semioquímico (feromonas).

Sin embargo, el hombre es fundamentalmente visual y el olfato queda relegado a una posición bastante obsoleta. Así, el perro es capaz de captar olores y sonidos que el hombre ni siquiera se acerca a percibir. Acordémonos de ello cuando nuestro perro ladre y parezca que no hay motivo o cuando se pare durante el paseo a olfatear insistentemente un rastro.

¿Cómo ve mi perro?

Según algunos estudios realizados, existe gran similitud entre la visión del perro y sus órganos visuales y los nuestros. Como decíamos antes, la percepción del perro se basa en la de un carnívoro cazador, el lobo. La caza de presas de gran tamaño se produce al anochecer, por lo que su visión está más perfeccionada para la falta de luz y de colores vivos, además de para el movimiento de las presas. La visión del perro es mejor en condiciones de falta de luz, cuando el estímulo se mueve y es dicromática, en contra de la del hombre que es tricromática y mejor durante el día. Cada especie está adaptada al nicho ecológico donde vive, y para el perro no es tan importante percibir los colores como para el hombre, las aves, los primates o los peces.

El perro, pues, es capaz de percibir mediante las células receptoras de su retina (conos y bastones) 2 longitudes de onda de la luz, frente a las 3 que percibe el hombre. Así, el hombre es capaz de ver el espectro completo de colores y el perro solo percibe una parte, quedando neutro o incoloro el resto. Aunque no está muy claro, parece que podrían percibir el color azul o violeta como azul, mientras que el color verde, rojo, amarillo y verde amarillento lo percibirían como amarillo. El espectro de colores que nosotros vemos como azul verdoso ellos lo verían blanco. Por otra parte, podrían distinguir entre azul y rojo o verde, pero no entre rojos y verdes.

La visión en presencia de luz es debida a las células receptoras de la retina llamadas conos, de las cuales el hombre tiene un número mucho mayor. Sin embargo, es al contrario en cuanto a los bastones, células receptoras que trabajan en ausencia de luz. El perro es capaz de captar estímulos en condiciones de luz de hasta 5 veces menor que el hombre. Aquí interviene también una estructura denominada *tapetum lucidum*, que se encuentra tras la retina y sirve para reflejar la luz y que esta pueda aprovecharse mejor. Es la responsable del brillo de los ojos de los perros en la oscuridad.

Por tanto, el perro es menos capaz de detectar el detalle de los objetos y está más especializado en el movimiento de los mismos. ¿Entiendes ahora por qué tu perro le ladra a una persona que se presenta sin moverse delante de él durante el paseo?

La posición frontal de los ojos en la cabeza nos proporciona a ambas especies la capacidad de ver los objetos en 3 dimensiones, frente a los herbívoros que los tienen lateralizados y perciben un campo de visión más amplio. Esto le facilita al perro la captura de presas (o pelotas).

¿Y el olfato?

El olfato del perro es una de las capacidades por las que fue seleccionado para algunos trabajos, como la detección de personas, de diversas sustancias (drogas, explosivos y más modernamente sustancias orgánicas) y la caza. No en vano su percepción a través de este sentido es entre 100 y 100 millones de veces superior a la nuestra para determinadas sustancias.

Por supuesto, y como ya hemos mencionado, la capacidad de detección será mayor para sustancias de su máximo interés y no del nuestro. Por ejemplo: ¿crees que al perro le importa sentir el olor de las flores?

El olfato es el sentido más importante del perro y también el más complejo de entender. Los olores tienen una gran influencia en la fisiología y el comportamiento del perro, como el reconocimiento entre individuos y las conductas sexual, maternal y alimentaria. La habilidad del perro para olfatear todo lo que le rodea e interpretar dichos olores depende de un complicado sistema bioquímico. La percepción del olor está ligada, además, a las emociones.

Las feromonas, por otro lado – sustancias químicas muy volátiles que se utilizan para la comunicación y son específicas de cada especie – son percibidas por el órgano vomeronasal, órgano del que carecen los primates superiores.

Dentro de la cavidad nasal, en la mucosa olfatoria, se sitúan las células receptoras, que en el perro constituyen en número unos 220 millones, frente a los 5 millones del hombre. Además, el perro perfecciona el análisis de las sustancias inspiradas realizando el olfateo, que consiste en inspirar y espirar continuamente el aire para aumentar el tiempo de contacto de las sustancias con estas células y poder analizarlas mejor.

Otra característica muy importante del sentido del olfato canino es su capacidad de discriminar las diferentes sustancias contenidas en una mezcla, acción de la cual no es capaz el hombre. En este enlace puedes ver un vídeo que ilustra el funcionamiento del sentido del olfato canino:
https://www.youtube.com/watch?v=p7fXa2Occ_U

¿Mi perro percibe cosas extrañas? No, es su oído

La diferencia fundamental entre la percepción auditiva canina y la humana estriba en los sonidos agudos. Para los demás no somos tan diferentes.

Debes pensar en ello cuando tu perro se quede mirando fijamente durante un largo espacio de tiempo a una pared, como si estuviera viendo un fantasma.

En cuanto al sentido del tacto, lo más importante es decir que los perros poseen pelos táctiles o vibrisas, que están unidos a terminaciones nerviosas, en distintas zonas: cejas, mentón, carrillo, labios y mandíbula. Tienen funciones como percibir los objetos que están cerca, coordinar junto con otras estructuras los movimientos de la boca y – en el caso de los pelos supraciliares (cejas) – proteger los ojos.

El sentido del gusto está poco estudiado en el perro.

CAPÍTULO 7

¿QUÉ ES LA JERARQUÍA? ¿Y LA DOMINANCIA?

En el capítulo 4 hablábamos sobre el equilibrio de fuerzas contrapuestas existente en la vida social y gregaria de los lobos y, por herencia, de los perros. Estas fuerzas eran las conductas afiliativas por un lado y por otro, las conductas agonísticas.

En los grupos sociales de lobos (manadas) existen conductas afiliativas y cooperación para distintas tareas, pero también existe competitividad para el control o posesión de un recurso, como puede ser la comida, la pareja o el espacio; más aún si estos recursos escasean en un momento determinado.

Para establecer un orden, existe la jerarquía de grupo. De otra forma, las peleas por cada recurso se sucederían en el tiempo y acabarían con la muerte de más de un individuo, cosa que no es viable evolutivamente hablando.

La jerarquía funciona proporcionando un orden de prioridades en el acceso a los recursos y es mantenida, no mediante la violencia sino mediante un lenguaje ritualizado y perfectamente comprensible por todos los individuos a través del cual el individuo dominante muestra su posición frente a otro que reaccionará mostrando sumisión si no quiere problemas (Img. 1).

Imagen 1. El individuo de la izquierda se muestra dominante y el de la derecha responde con una postura de sumisión.

Normalmente se tiende a pensar que la jerarquía se basa en el uso de la agresividad. Pero nada más lejos de la realidad, pues es todo lo contrario: la jerarquía está para reducir el uso de las conductas agresivas.

Las relaciones de dominancia/sumisión se llevan a cabo necesariamente dos a dos y son el resultado de interacciones entre dos individuos. Es decir, en una interacción un individuo se muestra dominante y otro responde mostrando sumisión. Pero la dominancia o la sumisión no son características de la personalidad del perro. No es correcto decir "mi perro es dominante". Sí sería correcto decir "mi perro tiene tendencia a comportarse como dominante en las relaciones con otros" si en la mayoría de las interacciones que ese perro tiene con otros perros se suele mostrar así. Igual ocurre con la sumisión (Img.2).

Imagen 2. Dos perros que presentan una relación dominancia/sumisión en una interacción.

Hace años se pensaba que los lobos se estructuraban socialmente en jerarquías lineales: un individuo macho alfa que dominaba a todos los demás mediante la agresividad. Esto es lo que representa la teoría de la dominancia.

Así, en demasiadas ocasiones se atribuía a los perros diagnósticos de agresividad por dominancia en base a esta teoría errónea, y no solo eso, sino que se trataban después con técnicas que utilizaban la agresividad. Lamentablemente, esto sigue siendo utilizado hoy en día por algunos profesionales y, afortunadamente cada vez abunda menos esta tendencia y más la de la existencia de una jerarquía flexible de tipo familiar, no basada en la agresividad, sino en las enseñanzas y el aprendizaje social y el condicionamiento, que es la estructura social que se demostró más tarde como real en manadas de lobos en libertad.

Los grupos de perros asilvestrados no se estructuran socialmente como los lobos en cautividad ni como los que viven en libertad, sino que han sufrido modificaciones debidas a la domesticación.

Los perros domésticos tampoco forman estructuras jerárquicas lineales ni piramidales. Por tanto, es absurdo pensar que tienen un plan para dominar a otros perros o a su propietario. Recomendamos fervientemente no utilizar estas teorías obsoletas para relacionarte con tu perro ni tampoco ningún tipo de técnica agresiva, amenazante o aversiva.

CAPÍTULO 8

¿CÓMO EDUCO A MI PERRO? LA EDUCACIÓN EN POSITIVO

Tanto los refuerzos como los castigos son estímulos que se aplican de determinada forma cuando se quiere enseñar una conducta nueva a un animal o bien cuando se quiere que ésta desaparezca. El sistema requiere que el animal asocie una conducta con las consecuencias que se obtienen al realizarla. Los refuerzos y los castigos serían las consecuencias obtenidas al ejecutar la conducta. Esto se llama aprendizaje asociativo, y dentro de él, condicionamiento operante.

¿A qué tipo de estímulos nos referimos? Bien, tenemos dos tipos: estímulos positivos y estímulos negativos o aversivos. Los estímulos positivos son cosas agradables para el animal: comida, un juguete, una caricia, abrir la puerta, una perra en celo, correr, etc. Los estímulos negativos son cosas desagradables: una corriente, una patada, un manotazo, un pinchazo, un rodillazo, cerrar la puerta, confinamiento, etc.

Vayamos un poco más allá ahora definiendo qué es refuerzo y qué castigo (positivo y negativo):

- Un refuerzo es todo aquello que hace que una conducta se repita.

    - Un refuerzo puede ser positivo y negativo.

    - El refuerzo positivo añade algo bueno a la conducta realizada. La conducta se repite (Imgs. 1, 2, 3 y 4).

    - El refuerzo negativo elimina algo malo a la conducta realizada. La conducta se repite.

- Un castigo es todo lo que hace que una conducta deje de realizarse.

    - Un castigo también puede ser positivo y negativo.

    - El castigo positivo añade algo malo a la conducta realizada. La conducta deja de ejecutarse.

    - El castigo negativo elimina algo bueno a la conducta realizada. La conducta deja de ejecutarse.

Vamos a poner unos ejemplos: sentarse es la conducta. Queremos que la conducta sentarse se repita. Podemos hacerlo de dos maneras:

- Refuerzo positivo: cuando el perro se sienta, le damos un trozo de pollo.

- Refuerzo negativo: empujamos la grupa del perro con la mano y cuando se sienta, retiramos la presión.

De ambas maneras conseguimos que la conducta se repita: en un caso el perro recibe algo bueno (pollo) y en el otro se elimina algo malo (presión en la grupa).

Ahora lo que queremos es que un perro no tire de la correa. También lo podemos hacer de dos maneras:

- Castigo positivo: si el perro se adelanta, proporcionamos un tirón de la correa.

- Castigo negativo: cuando el perro se adelante, dejamos de andar.

De las dos maneras podemos conseguir que el perro no tire: en el primer caso proporcionamos algo malo (tirón de correa) y en el segundo eliminamos algo bueno (avanzar).

Para decidir qué tipo de estímulos se van a usar, se debe hacer un trabajo de análisis de las cualidades psicofísicas del animal antes de comenzar el entrenamiento o la modificación de conducta. Qui-

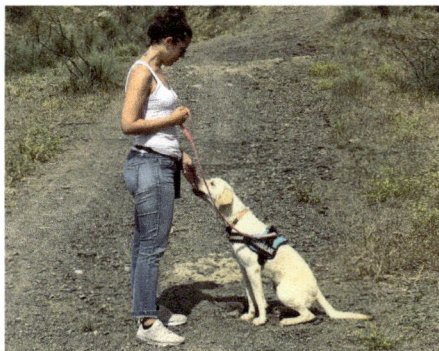

Imagen 1. Refuerzo positivo de la conducta de sentarse mediante la entrega de comida.

Imagen 2. Refuerzo positivo de la conducta de tumbarse mediante la entrega de comida.

Imagen 3. Enseñando a un perro a tumbarse guiándolo hasta la posición con comida.

zás a un perro le guste más el pollo que el jamón y a otro le guste más el plátano. O a lo mejor a tu perro le gusta más jugar que comer. Puede que al perro le encanten las salchichas dentro de casa y cuando salimos a la calle dejen de gustarle, bien porque tiene miedo o bien porque está más atento al resto de estímulos presentes. Por otro lado, un perro puede ser muy sensible psíquicamente (una elevación de voz puede afectarle negativamente) o más sensible físicamente (nada más tocarlo le molesta).

Imagen 4. Refuerzo positivo de la conducta de tumbarse mediante caricias.

Por lo tanto, cada animal y cada caso tiene sus particularidades propias, y las circunstancias que lo rodean son distintas. Nunca se deben generalizar materiales, estímulos y métodos para distintos casos.

Me imagino que te preguntarás qué método es el mejor. La respuesta es muy fácil: el mejor método es el que respeta el bienestar del animal. Así que te recomiendo que uses siempre el refuerzo positivo.

Seguro que te acuerdas de tu etapa en el colegio. Había algunos maestros que te daban con una regla, otros que te gritaban, otros que te castigaban en el rincón o te tiraban de las orejas; en fin, para todos los gustos. Pero, ¿a cuál recuerdas con una sonrisa? ¿Al maestro o maestra que utilizaba esas técnicas o al que te hacían las clases divertidas y te permitía equivocarte para contestar de nuevo? Tu perro puede darte la respuesta con su lenguaje corporal cuando trabajas con él.

El castigo positivo no es un buen método para educar a un perro. Él no aprenderá nada de su utilización y además le quedará un feo recuerdo de la sesión de trabajo, por lo que la siguiente vez la emprenderá con negatividad e incluso con miedo. Además, no estarás creando un vínculo de confianza con él, sino todo lo contrario: una relación en la que predominan el miedo y la desconfianza, no seréis amigos sino amo y esclavo. ¡Cuántas veces escuchamos frases como: "es que mi perro no aprende, por más que le digo que no"!

Comienza a usar el refuerzo positivo, ya verás cómo la cara de tu perro cambia y también su disposición a aprender. Cada vez que veas que tu perro está haciendo algo que no te gusta, en vez de ir a regañarle o castigarle, piensa en qué podrías hacer para premiar una conducta alternativa a la que estás observando.

Por ejemplo, si tu perro pide en la mesa, lo primero que tienes que hacer es dejar de darle comida en la mesa y no dejar nunca comida a su alcance allí. Cuando venga a pedirte, ignóralo. Pero esto no será suficiente, porque tu perro está acostumbrado a pedirte y si no le das, acabará frustrado y te pedirá con más insistencia o redirigirá su frustración a otra conducta problemática. ¿Qué puedes hacer? Muy fácil: enséñale el ejercicio de ir a su camita mediante refuerzo positivo: 5 minutos varias veces al día dirígelo con chuches allí y prémialo cuando vaya, ponle de vez en cuando comida allí para que se la encuentre cuando pase, rellénale un juguete de comida y dáselo en la camita. Ya verás cómo pronto prefiere estar allí que pidiendo en la mesa.

El método en positivo significa reforzar de manera positiva (comida, juego, caricias) las conductas que queremos que se repitan, e ignorar las que queremos que se extingan. Este método es el ideal para construir un vínculo seguro con tu animal de compañía, sea perro o gato. Existirá confianza, comunicación, seguridad y previsibilidad para él.

Los perros se pasan horas y horas al día observando todo lo que hacemos. Establecen asociaciones entre nuestro lenguaje y lo que ocurre a su alrededor. Si lo que ocurre a su alrededor es positivo y lo relacionamos con señales, ya sean gestuales o verbales, le estaremos dando previsibilidad. Y un animal que puede predecir lo que va a ocurrir en su entorno es un animal feliz.

Cualidades necesarias para conseguir esto son la paciencia, la constancia, la capacidad de trabajo y la observación. Sé paciente, trabaja día a día con él, no le exijas demasiado y diviértete enseñando. Él te lo agradecerá.

CAPÍTULO 9

¿POR QUÉ NO DEBO UTILIZAR EL CASTIGO?

En el capítulo anterior veíamos cómo, en el condicionamiento operante, el castigo ocurre cuando un estímulo aplicado tras la ocurrencia de una conducta inadecuada hace que esa conducta disminuya su frecuencia. Hablamos de castigo positivo cuando se aplica un estímulo desagradable para el animal como consecuencia de una conducta inapropiada o un castigo negativo cuando un estímulo agradable desaparece al mostrar la conducta inadecuada.

Partiendo de la base de que nuestros objetivos principales, por los que siempre nos movemos, son el bienestar del animal y la comunicación entre especies, el castigo no entra dentro de las vías o métodos que recomendamos, dado que afecta al bienestar y perjudica la buena comunicación y el vínculo entre propietario y perro. Nunca se deberían olvidar estas premisas en la educación: la modificación de conducta y la simple convivencia con un animal.

Existen 3 condicionantes principales para no aplicar el castigo, y son:

- Al usar el castigo no se aprende la conducta correcta, es decir, decimos al perro lo que no debe hacer (de una u otra manera o con una otra intensidad, pero no le enseñamos qué es lo que queremos que haga en esa situación). Por lo tanto, en el hipotético caso de que lo hayamos aplicado bien y el perro aprenda a no hacer aquello en aquel sitio, esto no quiere decir que no haga lo mismo en otro momento, en otro sitio o cuando no estemos delante.

- Es muy difícil aplicar el castigo de la manera adecuada y correcta, es decir, con éxito. Podemos aplicarlo con una intensidad de-

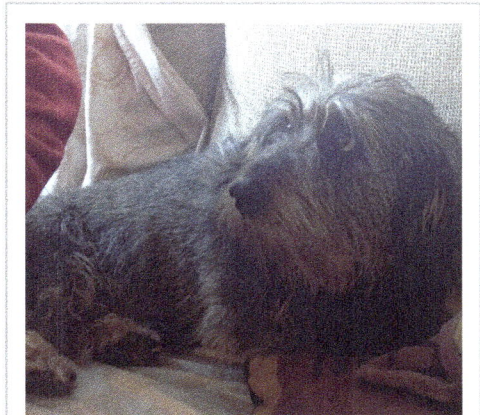

Imagen 1. El perro mostrará desconfianza ante su propietario debido al uso del castigo.

masiado débil, con lo que el perro repetirá una y otra vez la conducta y se irá habituando al castigo; o demasiado fuerte, con lo que provocaremos conductas de evitación, huida o defensa, se afectará el vínculo con el animal y probablemente le crearemos miedo, frustración, estrés crónico, ansiedad y afectación del bienestar físico o psicológico.

- Pero lo más importante es que no es necesario. El refuerzo positivo es mucho más divertido, reconfortante, motivador, genera aprendizaje y toda la familia disfrutará participando en enseñar al perro y viendo cómo trabaja.

Existe un consenso y posicionamiento general en la comunidad científica en contra de su uso y que aboga por el uso del refuerzo positivo. Y este consenso se basa en estudios y en la experiencia de cientos de profesionales del mundo de la etología, tanto a nivel clínico como en el ámbito de la educación y en el de la investigación. Esto debería ser suficiente para desterrarlo como técnica.

Lo que suele ocurrir cuando un propietario aplica el castigo es que, o bien suprime la conducta, pero el perro no aprende lo que debe hacer, empeora el vínculo con el propietario y no es duradero en el tiempo; o bien no funciona, con lo que el propietario lo repetirá con mayor o menor intensidad o de distintas maneras.

Los factores que explican la falta de éxito del castigo como técnica educativa o de modificación de la conducta son los siguientes:

- El estímulo que se aplica es de baja intensidad. No le produce al perro la suficiente inhibición como para dejar de hacer lo que sea que estuviera haciendo.

- Existe un retraso en la presentación del estímulo negativo o este dura demasiado tiempo. En ambos casos no se estará produciendo una asociación directa entre conducta inadecuada y estímulo negativo que la suprima.

- Presentación de un estímulo discriminativo o señal de aviso antes del castigo, que puede ser por ejemplo nuestra presencia, conllevando que el perro espere a que no estemos presentes para volver a repetir la conducta.

- El castigo se aplica de forma intermitente, solo en algunas ocasiones. Si no hay consistencia en la aplicación, tampoco la habrá en el aprendizaje.

En ocasiones, el castigo produce dolor y también agresividad defensiva por parte del perro. Existen dos técnicas empleadas muy a menudo como castigo y que están basadas en la obsoleta teoría de la dominancia:

- *Alpha roll:* forzar al perro a tumbarse boca arriba y mantenerlo así hasta que quede inmóvil.

- *Dominance down:* forzar al perro a tumbarse de lado y de la misma manera conseguir que quede inmovilizado con las manos o la pierna en su cuello.

Recomendamos firmemente no aplicarlas en ninguna situación: es peligroso, ya que puede producir agresividad defensiva en el perro, da miedo, duele, empeora el vínculo y, por supuesto, no hace que el perro aprenda.

Pero con castigo no nos referimos únicamente a estas técnicas tan violentas sino también a un simple tirón de correa, encerrar al perro en un transportín o en el cuarto de baño, un grito (Fig. 1), una patadita, un spray en la cara, restregar el hocico en la orina, cogerlo de la piel del cuello, collares de estrangulamiento, descarga o citronella, bozales no habituados previamente, atar al perro o exponerlo a lo que le da miedo.

Si eres de los que, habiendo leído esto, dejan de aplicar el castigo y apuestan por métodos más amables en el día a día con tu perro, ¡adelante! Si estás en el grupo de los que no se han convencido, te invitamos a que recapacites y reflexiones un poco más. Pasa solo una semana utilizando el refuerzo positivo todo lo que puedas con tu perro. Ten por seguro que verás la luz.

CAPÍTULO 10

¿CÓMO SE COMUNICA MI PERRO?

La cualidad de animal altamente social del perro doméstico hace que deba comunicarse para la convivencia en grupo con distintos individuos, ya sean de su especie o de otras (recordemos que el perro puede socializarse y convivir con especies distintas a la suya). Como es natural, para comunicarse se necesita un lenguaje que emita un mensaje que pueda ser recibido e interpretado por otros.

Una de las causas más importantes de los problemas de comportamiento que se presentan en el perro es la falta de conocimiento y comprensión de su lenguaje, que nos permita interpretar lo que quiere decir en cada momento y no cometer errores y llevar a cabo acciones inadecuadas hacia ellos.

Los 3 tipos de canales que principalmente utilizan los perros para comunicarse son: el canal visual (posturas corporales), el olfativo (orina, heces y glándulas) y el auditivo (vocalizaciones).

El hombre, como dijimos en un capítulo anterior, es fundamentalmente visual, por lo que atenderá más a este tipo de lenguaje que al olfativo (no lo percibimos) o al auditivo (menos comprensible).

Sabemos actualmente que los perros hacen esfuerzos por comunicarse con nosotros utilizando sus gestos y que pueden interpretar nuestras emociones atendiendo a los gestos de nuestra cara, por lo que parece que estamos en desventaja y deberíamos ponernos al día y hacer esta comunicación bidireccional entendiendo cómo funciona.

¿Cómo me habla mi perro con su cuerpo?

Para entender lo que quiere comunicar el perro mediante sus señales corporales o posturas, debemos atender a diferentes partes de su anatomía: la rigidez o relajación del cuerpo y cara, la posición del cuerpo (agachado, erecto, arqueado) y la cabeza, la posición y el movimiento de la cola, si el pelo está o no erizado, los gestos de la cara, si el ceño está fruncido, la posición de las orejas y los labios, si enseña o no los dientes, la posición de la boca y los bigotes, hacia dónde carga el peso del cuerpo, etc.

Son muchas señales las que hay que tener en cuenta y además deben valorarse en conjunto. De nada sirve observar solamente la cola o las orejas, ya que todo el cuerpo responde a la vez queriendo comunicar su intención.

Estas señales ocurren en muy poco tiempo, en décimas de segundo, por lo que es complicado darse cuenta en tiempo real. Por ello, siempre recomendamos grabar vídeos de interacciones para poder estudiarlas incluso a cámara lenta y aprender a interpretar el lenguaje y las emociones que quiere comunicar el perro. Hay que tener en cuenta que van a utilizar el mismo lenguaje para comunicarse con otros perros y con nosotros, por lo que es fundamental que aprendamos a interpretarlo.

La forma más fácil de clasificar y entender estas posturas sería la de posturas de reducción de la distancia y posturas de aumento de la distancia. Esta clasificación explica la intención que tendría el perro con este lenguaje: por un lado, invitación a interaccionar y por otro a alejarse, respectivamente.

Dentro de las posturas de reducción de la distancia englobaríamos las siguientes:

- Postura de invitación al juego (*play bow*): esta señal se considera metacomunicación. Quiere decir que cuando un perro muestra esta postura, el otro no debe interpretar como serio lo que venga después. Por ejemplo, ponerse agresivo se consideraría parte del juego. La postura es como una reverencia, con el tercio posterior levantado y el anterior agachado (Img.1).

Imagen 1. Esta es la postura que utiliza un perro para invitar a otro al juego o play bow

- Posturas de saludo: son las llamadas señales de apaciguamiento, que son posturas que el perro adopta en el saludo y otras aproximaciones con la intención de comunicar que no representa una amenaza y evitar conflictos. El saludo normal entre perros consta del acercamiento uno a otro más o menos apaciguador y el olisqueo de la cara y de la zona trasera, realizando un movimiento circular y adoptando ambos perros una forma corporal de "c" o de "c" invertida (Imgs.2 a 4). Los perros más inseguros se sentirán más cómodos si pueden oler al otro individuo por detrás sin enfrentarse a la mirada de frente (Img.5).

Imagen 2. Encuentro entre dos perros y olisqueo de la cara

Imagen 3. Tras el olisqueo de la cara comienzan ambos a girar hacia la zona trasera.

Imagen 4. Olisqueo de la zona trasera.

Imagen 5. Olisqueo de la zona trasera de una perra insegura (la de la derecha) hacia otro perro más seguro.

Las posturas de aumento de la distancia serían fundamentalmente 3:

- Postura ofensiva o dominante: es una postura con la que el perro intenta aparentar más grande y fuerte para mostrar su seguridad al otro. El cuerpo está erguido, las 4 extremidades bien plantadas en el suelo, sin titubeos, la cabeza alta y las orejas erectas u orientadas frontalmente, la cola levantada hacia arriba (Imgs. 6 y 7), puede producirse piloerección en todo el dorso, elevación de los labios en forma de "c" mostrando los dientes y gruñido.

Imagen 6. Postura erguida, mostrándose dominante, el perro de la izquierda.

Imagen 7. Postura erguida, mostrándose dominante el perro de la izquierda con otro perro.

- Postura defensiva o de sumisión (Imgs. 8 y 9): representa todo lo contrario de la anterior, es decir, el perro pretende comunicar la intención de no tener seguridad sobre el encuentro o de que no busca conflictos (sumisión activa) mediante su lenguaje agachado, con las orejas hacia atrás, la cola baja. En la sumisión pasiva, el perro llegaría a tumbarse boca arriba en respuesta al lenguaje del otro (Img. 10).

Imagen 8. La perra de la derecha le muestra a la perra que la olisquea que no busca conflicto mediante su postura agachada y curvada.

Imagen 9. La perra de la derecha muestra una postura agachada frente al acercamiento del perro negro.

- Miedo y agresividad defensiva: la postura de miedo es similar a la de sumisión pasiva, el perro intentará parecer más pequeño, con el cuerpo agachado, curvado y la cola llevada debajo del mismo, las orejas plegadas hacia atrás y la cabeza agachada (Img. 11). Pueden existir temblores, movimientos de evitación y piloerección en la zona dorsal y lumbar. Un perro con miedo puede inhibirse, intentar huir o defenderse. En el último caso, la postura combinará los elementos corporales de la postura de miedo con los de agresividad, con la boca estirada hacia atrás, enseñando los dientes. A veces existe movimiento de cola. Esta postura se suele denominar ambivalente, por unificar elementos de posturas que son opuestas, y refle-

Imagen 10. El perro negro muestra sumisión frente al grande tumbándose de lado en el suelo.

Imagen 11. Este perro muestra una postura de miedo intenso frente a la interacción con personas.

ja un conflicto emocional en el perro (Img.12).

Otras posturas:

- Reposo o relajación: es una postura neutra, los músculos permanecen relajados, sin tensión, la cola en reposo.

- Alerta o *arousal*: es una postura de activación, que refleja un estado emocional ligeramente excitado. Normalmente el individuo se encuentra en atención hacia algún estímulo. Los músculos se tensan y el perro eleva su cuerpo, permaneciendo erguido y con la cola alta.

Imagen 12. Postura de agresividad defensiva de un perro frente al acercamiento de la mano de una persona que pretende tocarlo.

Por último, haremos una aclaración sobre la conducta de mover la cola. Hay un error fundamental de interpretación de este gesto, ya que se suele entender que significa alegría, pero nada más lejos de la realidad. Mover la cola en algunos contextos significa alegría, pero en otros significa excitación (positiva o negativa), incluso agresividad o ambigüedad (conflicto), por lo que hay que tener mucho cuidado de no interpretar un gesto en solitario, sino en conjunto con el resto de señales corporales y teniendo en cuenta el contexto.

La comunicación olfativa

Con respecto al olfato los perros nos llevan ventaja. Podemos llegar a comprender su lenguaje visual y auditivo, pero nuestro olfato no es capaz de detectar sus mensajes.

Para ellos, sin embargo, representa una parte muy importante de su comunicación. Además, la comunicación olfativa puede ser directa o indirecta, dependiendo de si el mensaje y el emisor están presentes en el mismo momento temporal o no, respectivamente. Es decir, un perro es capaz de detectar la información contenida en la orina de un perro que pasó por allí hace varios días, sin estar el otro perro presente en la escena.

Para comunicarse, los perros utilizan sustancias contenidas en la orina, en las heces, en las secreciones vaginales y anales, en la piel y en las almohadillas plantares.

En cuanto a los mensajes, pueden ser de tipo sexual, estado reproductivo, territorial, estatus social, edad, etc.

Existen algunas glándulas en el cuerpo del perro que segregan unas sustancias químicas muy utilizadas en la comunicación, que son las feromonas. Las feromonas son muy volátiles, por lo que pueden recorrer grandes distancias disueltas en el aire. Solo las pueden interpretar individuos que pertenezcan a la misma especie. Los perros las detectan y transportan para ser interpretadas a través de una conducta llamada *tonguing*, realizando una especie de paladeo con la punta de la lengua tras lamer la sustancia en cuestión. Ahora ya sabes por qué tu perro lame en ocasiones la orina de otro y se queda anclado sin querer moverse realizando la conducta mencionada.

Las regiones corporales que liberan feromonas son 5: facial, podal, perianal, urogenital y mamaria. Los mensajes transmitidos son de tipo sexual, social, territorial, alarma y apaciguador.

¿Ladridos o aullidos?

Tras la domesticación, uno de los cambios producidos en el perro doméstico y que constituyen una modificación de la conducta del lobo, es la comunicación auditiva.

El lobo adulto utiliza en este sentido fundamentalmente el aullido, pero no el ladrido, que sí utilizan los cachorros de lobo. Este tipo de vocalización se ha perpetuado, además, favorecido y seleccionado por el hombre, aunque actualmente se haya convertido en una conducta en ocasiones molesta para el propietario o la vecindad.

Las vocalizaciones utilizadas por el perro incluyen ladridos, gemidos, aullidos, gruñidos, lloriqueos. Los mensajes que trasmiten, y que tienen que ver con el estado en que se encuentra el individuo, son muy diversos: defensa del territorio, miedo, amenaza ofensiva, juego, demanda de atención, saludo, excitación o frustración.

En cuanto al ladrido, se puede encontrar diferencia en su significado según la frecuencia, el tono y el intervalo entre los mismos. Su interpretación debe hacerse teniendo en cuenta la postura corporal.

El gruñido es una señal a la que debe prestarse mucha atención, ya que puede preceder a una agresión y nos proporciona la oportunidad de evitarla (capítulo 30).

CAPÍTULO 11

INTELIGENCIA Y EMOCIONES

En la comprensión e interpretación por el hombre de muchos patrones de comportamiento del perro juega un papel importante el antropomorfismo, o lo que es lo mismo, la tendencia a interpretar las cualidades de los animales desde el punto de vista de la especie humana y tomando como referencia su comportamiento, atribuyéndoles características de nuestra especie y llegando a ser muy poco objetivos y científicos, debido muy probablemente al vínculo que nos une y que nos hace dejarnos llevar por las emociones.

Todavía existen en la actualidad muchas preguntas sin respuesta sobre su inteligencia, emociones y sentimientos, pero se han hecho muchos avances sobre cognición canina que demuestran cada vez más cómo los perros son seres extraordinarios que merecen que nos esforcemos en comprenderlos mejor basándonos en la lectura de textos que nos expliquen de forma científica cómo funcionan (en este caso su mente) para poder llegar a un entendimiento mutuo lo más objetivo posible.

Los perros experimentan emociones básicas de igual manera que nosotros. Poseen las mismas estructuras cerebrales, que se activan según las situaciones y las experiencias.

¿Son inteligentes los perros? Claro, son inteligentes porque poseen mecanismos para percibir y adquirir información, analizarla, procesarla, memorizarla y utilizarla en un futuro para diferentes situaciones. Esa es básicamente la definición de inteligencia en general aunque, según el autor, que se consulten puede haber pequeñas variaciones. Lo que sí es evidente es que la inteligencia de un animal estará adaptada a la vida que le toca vivir, al igual que hablábamos en el capítulo 6 de que a los perros no les interesará demasiado poder percibir el aroma de una flor. Por tanto, no tiene mucho sentido establecer comparativas antropomórficas.

En el caso del perro como especie doméstica, ocurre algo muy interesante y es que se ha ido adaptando a la coexistencia y coevolución con la especie humana, lo que le confiere características comunicativas y cognitivas muy cercanas a nosotros.

Los estudios sobre cognición canina, es decir, los procesos mentales y cerebrales que hacen que la información recibida por los sentidos se transforme en conocimientos, son cada vez más numerosos y avanzados, y nos están haciendo comprender mucho mejor al perro como especie amiga e insustituible.

No vamos a entrar en explicaciones sobre mediciones de la inteligencia, ya que esta depende de la adaptabilidad de la especie, de la capacidad de aprendizaje y de cómo se realiza el procesamiento de la información. Para el desarrollo de la inteligencia es necesario realizar intervenciones tempranas durante los periodos del desarrollo del cachorro, ya que la evolución de la inteligencia en los animales ocurre muy rápidamente. Para influir de manera adecuada, es necesaria una buena alimentación de la madre y, a partir del destete, la existencia de una Imagen cercana de referencia con la que el cachorro adquiera un vínculo y obtenga afecto y seguridad, así como la estimulación con distintos elementos de aprendizaje como estímulos y situaciones diferentes y juguetes educativos.

El aprendizaje por imitación, cuestionado por algunos autores, refleja la capacidad de un individuo de realizar conductas o acciones a través de la simple observación de otro individuo, de la misma manera que lo hacemos los humanos.

Existen sitios web, como la plataforma *Dognition*, creada por el Dr. Brian Hare, en los que los propietarios pueden testar a sus perros en áreas como empatía, comunicación, astucia, memoria y razonamiento.

Hoy día, gracias al entrenamiento de perros para permanecer tumbados e inmóviles dentro de un escáner, se están haciendo multitud de estudios utilizando fMRI (resonancia magnética funcional), procedimiento clínico que permite mostrar en imágenes las regiones cerebrales que ejecutan una tarea determinada. Los descubrimientos que se están haciendo son múltiples y sorprendentes. Algunos ejemplos son que los perros nos ven como su familia, en lo que a búsqueda de afecto y protección se refiere, mediante la identificación por el olfato; que experimentan emociones positivas en las mismas áreas cerebrales que los humanos en respuesta a sonidos y entonaciones agradables de sus propietarios y detectan nuestros estados de ánimo; que interactúan con sus propietarios al igual que un niño con sus padres y que son los únicos animales no primates que miran a las personas a los ojos (Img.1). Además de usar más expresiones faciales cuando una persona les está mirando, los perros generan en las personas también emociones positivas, de la misma manera que las evoca un niño.

¿Te sorprende? Pues permanece atento a la ciencia, porque resultados aún más sorprendentes están por llegar.

Imagen 1. Este perro está observando atentamente la cara de su propietario mientras le habla.

CAPÍTULO 12

LAS SEÑALES DE APACIGUAMIENTO

Las señales de apaciguamiento constituyen un grupo de posturas dentro del lenguaje corporal que el perro muestra cuando desea comunicar a otro individuo un deseo de interaccionar pacíficamente y de evitar el conflicto. Son señales encaminadas a disminuir la tensión y el estrés, en ellos y en aquel individuo hacia quien las emiten, así como evitar conflictos y agresiones. Se muestran durante el saludo o, por ejemplo, cuando un perro se acerca a otro que tiene un recurso o está en un espacio determinado.

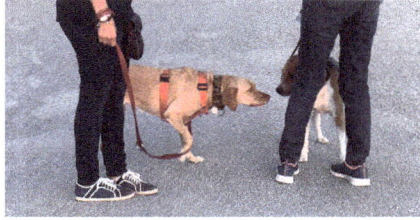

Imagen 1. La perra de la izquierda se acerca con postura apaciguadora a saludar a un perro desconocido.

La postura del cuerpo en general es baja (Imgs.1 y 2), la cola se mueve, los ojos permanecen entrecerrados (Img.3) y la boca parece que sonriera. Puede confundirse con gestos de sumisión, pero realmente la sumisión aparece tras un conflicto. Lo que ocurre es que los gestos apaciguadores son más intensos cuanto menos seguro es el perro.

Imagen 2. La perra de la izquierda se acerca con postura apaciguadora hacia la pareja que está entrenando.

Estas señales duran unas décimas de segundo, son muy sutiles y están diseñadas para que sean interpretadas rápidamente. Por eso es difícil darnos cuenta de que las emiten, y por eso tenemos que aprender cuáles son para no perdernos nada de lo que nos quiere decir nuestro perro. Aquí te dejamos unos ejemplos:

Imagen 3. Observa los ojos entrecerrados de este perro en la interacción con una persona.

- Lamerse la nariz (Img.4).

- Bostezar (Img.5).

- Girar la cabeza o el cuerpo. (Img.6)

- Olisquear el suelo (Img.7).

- Estirarse.

- Rascarse.

- Parpadear.

- Sacudirse.

- Escarbar.

- Andar despacio.

- Ojo de ballena (Img.8).

- Dilatación de pupilas (Img.8).

- Cola hacia abajo.

- Boca estirada (Img.9).

Puedes encontrarlas también como señales de calma, aunque el término señales de apaciguamiento es más correcto.

Para entender a nuestro perro necesitamos saber cuál es el código por el cual se comunica con otros individuos incluidos nosotros. Para que exista comunicación, debe haber un cambio de comportamiento en el receptor de la señal emitida por el emisor. Si no se entiende el mensaje, no habrá comunicación, y eso es lo que pasa con mucha frecuencia en el entorno doméstico. Nuestros perros son capaces de establecer asociaciones entre nuestras expresiones faciales y nuestros estados de ánimo, de manera que pueden predecir cuándo estamos contentos, tristes o enfadados. Según

Imagen 4. Lamido de nariz de la perra de la derecha.

Imagen 5. Observa al perro del fondo de la imagen bostezando

Imagen 6. La perra de la derecha gira el cuerpo en respuesta al acercamiento del perro.

lo que lean en nuestros gestos, ellos adoptarán una postura en consecuencia al mensaje emitido. Nos llevan mucha ventaja en lo que a aprendizaje sobre comunicación se refiere.

Es muy importante, si quieres avanzar en el conocimiento y la interpretación del lenguaje canino, observar vídeos de perros interaccionando y hacerlo a cámara lenta, para poder captar fotograma a fotograma la historia completa de la interacción, ya que estas señales ocurren muy rápido y, si observas la secuencia a velocidad real, se te escaparán muchas.

Imagen 7. El perro de la izquierda está olisqueando el suelo mientras interacciona con el pequeño.

Cuando las conozcas y las sepas detectar a tiempo, podrás evitar muchos conflictos con tu perro y te comunicarás con él con más éxito.

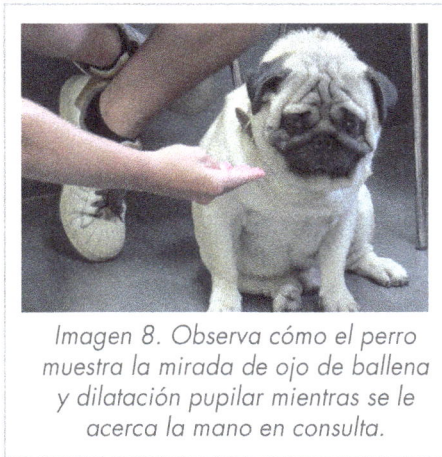

Imagen 8. Observa cómo el perro muestra la mirada de ojo de ballena y dilatación pupilar mientras se le acerca la mano en consulta.

Imagen 9. La perra estira la boca y las orejas mientras se acerca la niña.

CAPÍTULO 13

LA IMPORTANCIA DE LA SOCIALIZACIÓN

Este periodo es tan importante en la vida del perro que muchos lo llaman periodo crítico, ya que todo lo que el cachorro aprenda durante estas semanas, quedará fijado en sus patrones de conducta.

Es muy importante que el cachorro permanezca con su madre y hermanos hasta las 8 semanas, si puede ser, y que el resto de la socialización la acabe en su nuevo hogar, con sus nuevos propietarios, ayudado por las feromonas que le facilita la disminución del estrés y el aprendizaje.

Mediante el contacto con su madre, esta ejerce sobre los cachorros acciones correctivas de comportamientos inadecuados, por ejemplo, la inhibición de la mordida. Inhibe también las conductas demasiado dominantes, las conductas de protesta, los habitúa progresivamente al desapego, es decir, a separarse de la madre y emprender una vida propia. Con sus hermanos de camada, y mediante el juego, aprenden también a controlar la mordida y a establecer los roles sociales. A través del contacto con personas y otros animales se lleva a cabo el reconocimiento de especie, y así el cachorro aprende a convivir con otras especies distintas a la suya, previniendo posibles comportamientos posteriores de miedo hacia personas u otros perros. También se habitúa a todo tipo de estímulos externos, de los que los más importantes de cara a problemas de comportamiento son los ruidos intensos. Y, por último, aprende las normas de eliminación adecuada, desarrollando una preferencia por un determinado sustrato y lugar para las eliminaciones sobre las 8-9 semanas.

De todo esto debemos deducir que lo ideal a la hora de adoptar un cachorro, para actuar desde la prevención como queremos, es dejar, por un lado, que su madre y hermanos le enseñen lo correspondiente a su especie, y por otro, terminar de enseñarle nosotros lo correspondiente a la nuestra. Y para ello sería necesario dejarlo permanecer con su camada hasta las 8 semanas y luego introducirlo en clases de socialización, aprender todo lo necesario sobre su comportamiento normal y sobre cómo educarlo para mantener una relación sana y una convivencia equilibrada en nuestra sociedad.

¿Y la vacunación?

Es muy complicado hablar de socialización y vacunación porque se contraponen, pero también se complementan. Es difícil unir ambos conceptos y llevarlos a la práctica de manera correcta, pero se puede hacer perfectamente, y eso es lo que queremos que entiendas; porque tan importante es una cosa como la otra y ninguna se debe dejar de lado.

Y es que en muy pocos casos la socialización y la vacunación conjuntas se realizan correctamente. Casi siempre por desinformación, pero a veces también por comodidad o dejadez.

Las experiencias de los primeros 3 meses de vida del cachorro son terribles, "¡qué duro es sobrellevar esto!" Las necesidades en casa, los destrozos del mobiliario, las manos y pies mordidos, etc. Durante este tiempo el veterinario, muy acertadamente, suele recomendar que no salga a la calle debido a que se encuentra en el programa vacunal y no está protegido.

Pues bien, por si no lo sabías, se puede y se debe hacer de otra manera. Por supuesto, no vamos a comprometer la higiene sanitaria del cachorro en ningún momento, porque es muy importante, pero sí vamos a acompañar este periodo tan importante en el comportamiento del perro con un programa de socialización temprana que prevendrá problemas de comportamiento futuros en el adulto.

El periodo vacunal coincide con la fase más importante en el desarrollo del comportamiento del individuo: la de socialización. Llevar a cabo un periodo de socialización adecuado no es importante solo para el desarrollo de un comportamiento equilibrado en el individuo, sino para forjar una inmunidad adecuada y una buena capacidad de respuesta al estrés durante su vida, así como una mayor capacidad de aprendizaje.

Por supuesto, esto incluye que los cachorros estén con su madre al menos hasta las 8 semanas de vida. Madre, hermanos y socialización con el entorno en el que va a vivir el cachorro constituyen, junto con la vacunación, las garantías de equilibrio sanitario y emocional del adulto.

Según la Sociedad Veterinaria Americana de Comportamiento Animal (American Veterinary Society of Animal Behavior, AVSAB), la mortalidad asociada a problemas de comportamiento es mucho mayor que la relacionada con enfermedades infecciosas, por lo que la AVSAB y la Asociación Americana de Hospitales para Animales (American Animal Hospital Association, AAHA) recomiendan encarecidamente las experiencias tempranas para los cachorros.

¿Cómo podemos garantizar estas experiencias tempranas que constituyen la socialización? Podemos hacerlo mediante las clases de cachorros (Imgs. 1 a 3).

Sin embargo, muchos veterinarios son contrarios a la socialización del cachorro debido al riesgo de contraer enfermedades infecciosas. Citamos un estudio publicado en el Journal of the American Hospital Association (Stepita M., et al., 2013), según el cual los cachorros vacunados, al menos una vez que asisten a las clases de socialización, no presentan mayor riesgo de infección por parvovirus que los cachorros vacunados que no acuden a las clases.

Las clases de cachorros deben realizarse bajo unas reglas mínimas que garanticen la no propagación de enfermedades infecciosas. Estas normas establecidas por la AVSAB son las siguientes:

- Los cachorros deben tener en regla la cartilla sanitaria y haber sido examinados recientemente por un veterinario.

- Como mínimo, los cachorros deben ser vacunados por un veterinario con una vacuna viva modificada frente al virus del moquillo, adenovirus 2 y parvovirus, al menos 10 días antes de asistir a clase de socialización.

- Preferiblemente, los cachorros deben ser vacunados frente a Bordetella (se recomienda la vía intranasal) al menos 7 días antes de asistir a clase.

- Los cachorros deben estar desparasitados.

Imagen 1. Imagen de una clase de cachorros donde estos están relacionándose con distintos individuos y estímulos.

Imagen 2. Los cachorros interaccionan con personas desconocidas en una clase de cachorros.

Imagen 3. Interacción de niños con perros.

- Los cachorros deben comenzar a recibir tratamiento preventivo frente al gusano del corazón.

- Los cachorros deben haber permanecido en su domicilio actual por lo menos 10 días antes de asistir a clase. A su vez, el establecimiento donde se llevan a cabo las clases debe ser convenientemente higienizado y desinfectado antes y después del evento.

- Durante las clases es importante ayudarse de la feromona de apaciguamiento canina, que hará que la percepción del cachorro sea menos estresante.

El periodo de socialización es como una ventana en el tiempo, que se cierra y no vuelve a abrirse más.

CAPÍTULO 14

¿QUÉ ES EL VÍNCULO? ¿CÓMO LO CONSIGO?

El vínculo es la confianza que el perro establece con nosotros. Y esta se consigue a través de tres bases principales:

- La comida y el agua (Img. 1).
- El juego (Img. 2).
- El paseo y la relación social (Imgs. 3 y 4).

Para conseguir esta confianza con el perro es importante que antes de comenzar a trabajar con él pasemos un tiempo utilizando estos 3 pilares. Alimentarlo y darle agua cuando la necesita, jugar con él sobre todo a juegos en los que ejercite la conducta de caza (búsqueda, cobro, apresamiento) y pasar tiempo paseando, descansando juntos o acariciándolo. En definitiva, son las cosas que todos usamos, humanos y otros animales sociales, para conseguir familiaridad y fomentar el gregarismo.

Al igual que en otras profesiones, se tiende a ir al trabajo rápido y no muy bien hecho. En el mundo de los animales, hoy en día podemos encontrarnos

Imagen 1. Proporcionar comida a un perro es una de las acciones que fomenta el vínculo.

Imagen 2. El juego con el perro es fundamental en una relación sana y equilibrada.

Imagen 3. El paseo en un entorno agradable une a perros y personas.

Imagen 4. Pasar ratos agradables descansando junto a tu perro os hará disfrutar juntos.

también este sistema de trabajo. Así, podemos escuchar expresiones como "¡yo te adiestro el perro en una semana!" y otras similares. Un perro no se adiestra en una semana. Ni es la forma correcta de hacerlo ni es la actitud adecuada para ello. Si tienes prisa, estarás comenzando con mal pie. El perro no entiende de prisas ni de malas actitudes; entiende de paciencia, constancia y trabajo en positivo y sin presiones, que es lo que da mejores resultados.

Imagen 5. Grupo de personas paseando a los perros de un refugio en una clase práctica.

El vínculo no es más que una relación de confianza mutua, es algo que une a dos individuos que confían uno en las acciones del otro, y que disfrutan de esa relación.

¿El vínculo se crea o se nace con él? Las dos cosas son ciertas. Hay un vínculo natural entre los miembros de una familia, que será más fuerte entre la madre y sus crías. Pero, ¿qué pasa entre dos especies distintas? Por ejemplo, entre el hombre y el perro, entre el hombre y el gato o entre el perro y el gato. El vínculo más fuerte que se puede asegurar es el de una especie amamantada por otra. Es el caso de cachorros que son destetados demasiado pronto, cuyos dueños les dan el biberón; o entre cachorros de perro y gato que se crían juntos. Aunque este tipo de relación no es demasiado recomendable, ya que el animal no aprenderá los patrones de comportamiento propios de su especie, sino los de la humana, por lo que más adelante padecerá problemas de comportamiento.

ETOLOGÍA CANINA GUÍA BÁSICA SOBRE EL COMPORTAMIENTO DEL PERRO

La mejor relación que se puede establecer entre dos especies distintas es aquella que nace del periodo de socialización. Que el cachorro de perro o de gato tenga contacto durante su periodo de socialización con otra especie distinta a la suya. Y por supuesto, que este contacto se prolongue después.

Pero esto no asegura que, cuando vamos a trabajar con un perro, este nos reconozca como un amigo y nos respete durante ese trabajo. Por eso hay que tomarse la molestia de conseguir un vínculo previo, que nos llevará más o menos tiempo dependiendo de las cualidades individuales del animal, mediante la utilización de la comida, el paseo y el juego. Llévalas siempre contigo, si quieres que un perro te haga caso, te mueva el rabo y quiera seguirte (Img.5).

De la misma manera que aplicamos esto al trabajo, también es necesario para la vida cotidiana. Un día a día donde se respeta el comportamiento de cada especie y sus necesidades (ya sea perro, gato o loro) es la principal garantía de una convivencia tranquila y feliz para todos.

Así que ya sabes: no quieras correr y párate a disfrutar del vínculo paseando con tu perro o leyendo un libro junto a él.

CAPÍTULO 15

EL LENGUAJE DEL MIEDO

El miedo es una emoción experimentada hacia un estímulo o situación y que confiere al animal una capacidad adaptativa frente al mismo, ya que le permite desarrollar una estrategia de afrontamiento que podrá ser la de enfrentarse, huir o evitar, esconderse o inhibirse o (*fight- flight- freeze*).

Actualmente, encontramos un componente de miedo y ansiedad en multitud de problemas de comportamiento, como la agresividad, las conductas compulsivas, la ansiedad por separación o la eliminación inadecuada.

Es común, como en otros problemas de comportamiento, que el propietario no acuda a pedir asesoramiento porque piense que su perro lo está pasando mal, sino porque la conducta o sus síntomas derivados, le molestan.

Cuando un animal siente miedo hacia un estímulo, es porque este está presente en el entorno y es percibido por él. La reacción o respuesta es proporcional a la intensidad o cercanía del estímulo y esto le permite buscar una estrategia para adaptarse.

Sin embargo, el miedo puede convertirse en una emoción cuya respuesta no sea adaptativa, debido a que un animal perciba miedo hacia diversos estímulos que se presentan en su día a día, dando lugar a una situación de estrés continuado.

La fobia es otro término que puede confundirse con el miedo, y que representa un miedo intenso y desproporcionado ante un estímulo, hasta el punto de comprometer la vida del animal. La fobia puede llevar al perro a una reacción de pánico, en la que el animal pierde totalmente el control sin importarle aparentemente lo que pueda pasarle.

Si el perro comienza a anticipar mediante señales previas que el estímulo amenazante va a aparecer, se puede generar la ansiedad. Por ejemplo, un perro que tiene fobia a salir a la calle y anticipa que su propietaria se está preparando para sacarlo a pasear, comenzando a temblar y escondiéndose debajo del sofá.

La presentación de miedo en un individuo tiene varios posibles causantes, entre los que se encuentran la genética, la falta de experiencias y estimulación tempranas, la ausencia de la madre en la cría, las experiencias traumáticas sufridas durante el desarrollo y los problemas orgánicos.

Sería fundamental para que los síntomas no avanzaran y desencadenaran además otras patologías conductuales, que los propietarios y los profesionales pudieran detectar a tiempo el problema y acudir a un especialista, sin dejarlo para más tarde y, por supuesto, sin utilizar el castigo.

Esto es sobre todo importante cuando el miedo se manifiesta hacia estímulos o situaciones cotidianos del perro (ruidos, la calle, personas, otros perros, niños) con los que tiene que contactar diariamente o de manera menos frecuente pero que son situaciones importantes en la vida del animal (el veterinario, las navidades, visitas en casa).

Es frecuente que no se les dé importancia a estas situaciones y que se intente sobreexponer al perro a las mismas, pensando que de esa manera se van a solucionar. Esta es precisamente la vía para que el problema empeore cada vez más.

Otra forma de hacer que el problema no empeore es permitir al perro la estrategia elegida de afrontamiento de su miedo (Imgs. 1 y 2): huir, volverse a casa, separarse de otro perro, evitar el acercamiento de una persona, esconderse detrás de su propietario; sin obligarlo a enfrentarse al estímulo y permitiendo que este se retire de manera que el perro pueda restaurar el equilibrio emocional y cesar la activación neuroendocrina.

En algunos casos, el perro ha tenido que llegar al enfrentamiento directo con el estímulo mediante lenguaje de agresividad defensiva. Esta conducta puede volver a repetirse en el futuro como estrategia elegida, confundiendo a los propietarios, que piensan que se trata de una agresividad ofensiva, aunque la base sigue siendo el miedo.

Imagen 1. Perros que afrontan el miedo a las personas escondiéndose en su caseta.

Imagen 2. Proporcionar refugios para que los animales miedosos los puedan utilizar es fundamental.

En cuanto a la estrategia de inhibición o inmovilización (freeze), este lenguaje suele ser a menudo interpretado como que el perro está tranquilo. Esto ocurre cuando en el veterinario el perro se deja supuestamente manipular, vacunar, extraer sangre, etc. Debemos conocer muy bien y prestar mucha atención al lenguaje porque de ello depende que podamos ayudar o no a nuestro perro en momentos en los que su bienestar está muy afectado.

Existen unos signos y síntomas que nos pueden ayudar a identificar que el perro está pasando miedo y que debemos ayudarle. Entre ellos se encuentran los signos fisiológicos que denotan que se ha activado la cascada neuroendocrina: dilatación de pupilas, jadeos, excitación, temblores, piloerección, babeo, micción y/o defecación, vómitos, estado constante de alerta, rigidez muscular. En cuanto al lenguaje corporal, la postura de miedo es similar a la de sumisión pasiva, el perro intentará parecer más pequeño, con el cuerpo agachado, curvado y la cola llevada debajo del mismo, las orejas plegadas hacia atrás y la cabeza agachada (ver capítulo 10 de este libro). Un perro con miedo puede inhibirse, intentar huir o defenderse. En el último caso, la postura combinará los elementos corporales de la postura de miedo con los de agresividad, con la boca estirada hacia atrás, enseñando los dientes. A veces existe movimiento de cola. Esta postura se suele denominar ambivalente, por unificar elementos de posturas que son opuestas y reflejar un conflicto emocional en el perro.

La forma de modificar el miedo de un perro pasa, por supuesto, por acudir a un especialista que realice un diagnóstico completo, pero algunas recomendaciones básicas para su manejo serían las siguientes:

- No exponer al perro al estímulo en toda su magnitud, ni en ninguna que le haga pasarlo mal.

- No utilizar el castigo.

- No someter al perro a continuas exposiciones a situaciones amenazantes o estresantes.

- Practicar diariamente actividades con las que el perro disfrute, para mantener un estado de ánimo positivo.

- Permitirle usar siempre una estrategia de afrontamiento y respetar su espacio y su lenguaje.

- Acercarse siempre de manera no amenazante: de lado o de espaldas, agachado mejor que en pie, ofrecer comida en el suelo, no mirar fijamente, no hacer movimientos bruscos, no hacer ruido o hablar alto, no intentar tocar (y menos por encima de la cabeza).

- Comenzar un programa de desensibilización sistemática y contracondicionamiento guiado y asesorado por un especialista (veterinario etólogo clínico y educador canino). Este programa se basa en procurar un acercamiento progresivo al estímulo que le produce el miedo siempre por debajo del umbral de tolerancia, ayudado mientras por juego, comida y adiestramiento.

CAPÍTULO 16

MI PERRO SE ASUSTA CON LOS RUIDOS

Entendemos por miedo la respuesta normal de autoprotección que muestra un animal frente a situaciones que son percibidas como una amenaza para él.

El miedo no ocurre en la naturaleza por azar, sino que es un mecanismo adaptativo para escapar a los peligros y representa una ventaja evolutiva tanto para el hombre como para otros animales.

El miedo es una de las características psíquicas que conforman el carácter de un perro, que deben ser tenidas más en cuenta de cara a la convivencia. Sin embargo, curiosamente, es de las más ignoradas a la hora de elegir una raza o un individuo para que conviva con nosotros.

Nadie piensa que un perro miedoso puede ser un problema en el día a día. En lo que más solemos pararnos a pensar, a la hora de adquirir un perro, es en su carácter agresivo, en si nos destrozará los muebles o en si se hará sus necesidades dentro de casa.

Como en todos los problemas de comportamiento, es fundamental asesorarse previamente a la adquisición de un perro sobre su genética, su ambiente de cría y sus cuidados maternales.

La conducta es el resultado de la interacción compleja entre genes del animal y ambiente en el que se cría. Además, la heredabilidad de un carácter es la proporción de la variabilidad de ese carácter que es debida a la herencia de los genes. Sabemos que para el carácter miedo la heredabilidad es de 0,4-0,5. Es decir, que, si tu perro es miedoso y tiene descendientes, habrá muchas posibilidades de que esas crías hereden el mismo carácter. Aún más, si el ejemplar que posee el carácter miedo es la madre —y dado que en la especie canina es esta la encargada del cuidado de los cachorros— las crías se verán también influenciadas por un ambiente materno favorecido por el miedo.

Como ya sabes, entendemos por periodo de socialización del cachorro al comprendido entre las 3 y las 12 semanas de vida del mismo. Este periodo, en las especies altriciales, permite al animal impregnarse definitivamente de la conducta social y sexual propia de su especie, así como aceptar al hombre en *imprinting* heteroespecífico. Además, puede aprender mediante la exposición en este periodo a considerar como normales todo tipo de estímulos a que sea sometido mediante habituación, incluidos los ruidos.

Añadido a esto, su capacidad de aprendizaje y de gestión de situaciones estresantes y nuevas se verán incrementadas si se realizan manipulaciones neonatales al cachorro en sus primeras semanas de vida.

Todos tenemos, hemos tenido o conocemos a algún perro que en un momento u otro de su vida ha mostrado miedo a ruidos intensos, como pueden ser los fuegos artificiales, las tormentas o los disparos. El miedo es un mecanismo adaptativo que ayuda al animal a no enfrentarse a estímulos que podrían acabar con su vida. Pero cuando ese miedo es desproporcionado, es decir, no se adapta en cuanto al nivel de reacción con el nivel del estímulo, estamos hablando de una fobia.

Las fobias pueden tener distintos orígenes:

- Heredadas: como ya hemos mencionado, el miedo es la característica de comportamiento que se ha demostrado que tiene una heredabilidad más alta, hasta un 0,4- 0,5.

- Sensibilización: en este caso no se produce el fenómeno normal de habituación por la exposición repetida al estímulo, sino todo lo contrario. Esto puede ocurrir debido a factores ambientales o del individuo.

- Socialización deficiente: durante el periodo de socialización es cuando deberíamos someter al cachorro a todos los estímulos posibles para que los conozca y no muestre miedo de adulto. Esto debe hacerse de manera progresiva o podríamos provocar el proceso contrario, la sensibilización.

- Experiencia traumática: un perro puede sufrir una experiencia que haga que a partir de ahí reaccione con miedo ante la presentación del mismo estímulo, quedando condicionado a la presentación del mismo y en ocasiones de otros que hayan estado asociados.

- Sensibilidad auditiva aumentada a determinados ruidos en algunos individuos.

El conjunto de síntomas incluiría temblores, jadeo, pupilas dilatadas, micción y/o defecación, intentos de huida o de refugiarse, vocalizaciones, hipersalivación, mirada desviada, taquicardia, postura corporal muy baja, vaciado de sacos anales, etc.

Una característica asociada a las fobias es la ansiedad por anticipación. El perro, mediante el condicionamiento clásico, asocia otros estímulos que se presentan acompañando al estresor, y anticipa la presentación de éste con una reacción de ansiedad previa a la fobia. Por ejemplo, a la caída de la noche, antes de que empiecen a sonar los petardos, el perro ya está jadeando, deambulando, con taquicardia, salivación, etc.

Debido al mecanismo cerebral de respuesta propio de la exposición a estos estímulos intensos, el tratamiento de estas fobias se hace muy difícil, por lo que el pronóstico de estos problemas es de reservado a grave dependiendo del tiempo que lleve presentándose, del nivel de generalización y ansiedad anticipatoria, del conjunto de síntomas y de cómo se haya tratado anteriormente.

El tratamiento se puede enfocar de dos maneras:

- Paliativo: pretende mejorar el problema solo cuando se presente el estímulo, en momentos o días concretos, por ejemplo, en fin de año o en fiestas populares. En este caso, se pueden usar estrategias biológicas, como fármacos, feromonas y nutracéuticos, además de medidas de seguridad, creación de un sitio seguro para que el perro pueda desarrollar su estrategia de afrontamiento y pautas para el manejo adecuado por parte del propietario. El miedo es una emoción, por tanto, no puede reforzarse, pero sí pueden reforzarse ciertas conductas que estén asociadas a la misma. Por tanto, se recomienda prestar atención al perro, pero de una manera calmada, sin nervios, sin tensión y más que nada intentar distraerlo y conducirlo al lugar seguro creado para ello.

Imagen 1. Refugio creado de manera casera con un mueble.

Un lugar seguro es un sitio al que habremos condicionado previamente al perro. Puede ser una habitación, un transportín, debajo de una cama, una caja de cartón tapada con una manta, dentro de la bañera, etc. (Imgs.1, 2 y 3). Previamente habremos positivizado ese lugar para el perro, mediante la utilización de comida, juego, juguetes interactivos. Colocaremos allí un difusor de feromonas y amortiguaremos todo lo que sea posible la entrada de sonido bajando persianas y cerrando ventanas. Puede ser útil poner música, si previamente la hemos utilizado también para positivizar el lugar.

Imagen 2. Esta perrita utiliza como refugio un transportín.

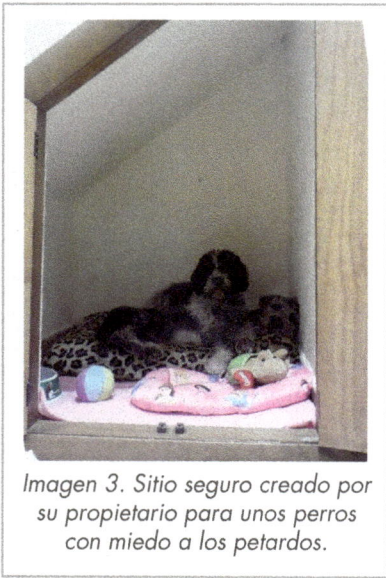

Imagen 3. Sitio seguro creado por su propietario para unos perros con miedo a los petardos.

En este vídeo puedes ver cómo se trabaja la creación del sitio seguro: https://www.youtube.com/watch?v=kg6SlIB0jds

Es muy importante que cuando comiencen las fiestas permitamos que el perro vaya allí a esconderse, teniendo las puertas abiertas.

Si la reacción de miedo es muy intensa, consultaremos con nuestro veterinario la posibilidad de administrar algún fármaco ansiolítico durante el tiempo que duren las fiestas. No se debe usar la acepromacina, ya que aumenta la ansiedad del animal debido a que incrementa la percepción a la vez que disminuye la posibilidad de movimiento.

Por supuesto, lo mejor que podemos hacer si tenemos la posibilidad, es llevarnos a nuestro perro a otro lugar durante las fiestas, por ejemplo, a casa de algún familiar o a una residencia canina. Y nunca utilizar el castigo ni técnicas de inundación (someter al perro a toda la intensidad del estímulo esperando que lo supere por sí mismo).

- Curativo: pretende solucionar el problema. El tratamiento se basaría en técnicas de desensibilización y contracondicionamiento. Se trata de exponer al perro a niveles bajos del estímulo mientras realizamos actividades placenteras para él, como jugar o practicar obediencia con refuerzo positivo. El nivel del estímulo se va intensificando de manera muy progresiva, siempre que el perro no muestre ningún tipo de reacción negativa en la sesión anterior. Este tratamiento hay que llevarlo a cabo prácticamente todo el año, mientras no exista exposición intensa y real, ya que, en ese caso, el aprendizaje que haya efectuado el perro puede sufrir un gran retroceso. Todo ello funciona mucho mejor si se acompaña de la utilización de feromonas en difusor o en collar, y en el caso de que fuera necesario, fármacos que ayuden al animal en su aprendizaje.

En este enlace puedes analizar el nivel de miedo a los ruidos de tu perro: http://surveys.ethometrix.com/s3/fobiasruidosperros

Es importante señalar, como siempre, que algunos problemas médicos pueden ser el origen de un problema conductual de miedo o contribuir a aumentarlo. Como ejemplos podemos mencionar el dolor, los problemas hepáticos, neurológicos, dermatológicos o de los órganos sensoriales, entre otros. Por ello, se recomienda un chequeo completo como parte del diagnóstico y también en el caso de que se vayan a utilizar psicofármacos en el tratamiento. Por último, según últimas referencias, debe evitarse la castración en perros con miedo.

CAPÍTULO 17

¿CÓMO ENSEÑO A MI PERRO A QUE SE SIENTE?

Enseñar a nuestro perro a que se siente puede resultarnos algo banal, poco útil y demasiado sencillo, pero no es así. El adiestramiento en obediencia es la enseñanza al animal de una serie de conductas bajo señal (antiguamente llamadas órdenes) para cumplir varios objetivos. Los principales, desde nuestro punto de vista, serían 4:

- Que el animal tenga control sobre sí mismo y nosotros sobre él en determinadas situaciones.

- Que aprenda a relajarse mediante esas posturas o conductas.

- El refuerzo del vínculo mediante la práctica de estos ejercicios con el propietario.

- El enriquecimiento mental del individuo mediante la función cognitiva.

A muchas personas se les olvida, o ni siquiera tienen en cuenta, estos objetivos. Simplemente quieren entrenar a un perro para que haga las cosas que se le ordenan lo más rápido posible. Y eso no es bienestar, ni es salud, ni diversión.

Si el perro aprende que la conducta operante de sentarse bajo la señal verbal "sienta" o la gestual indicando con el dedo índice, significa que puede relajarse, tener una sonrisa de su propietario y obtener después comida o una pelota, seguro que será algo que le encante hacer en cualquier circunstancia. Y eso es lo que tenemos que priorizar: que se lo pase bien aprendiéndolo, que lo haga gustosamente y que se relaje haciéndolo (Imgs. 1, 2 y 3).

Lo primero es averiguar las preferencias del perro en cuanto a estímulos que le motiven como reforzador positivo. A cada uno le gusta una cosa, no debemos generalizar. Después nos colocamos delante de él con comida en una mano (o un juguete, dependiendo de lo que hayamos averiguado previamente). Colocaremos la mano con la comida delante del hocico del perro haciendo un movimiento hacia arriba y atrás por encima de su cabeza, de modo que cuando este intente seguir la comida con el hocico para alcanzarla (*luring*), se vea obligado a flexionar las patas traseras y sentarse.

Imagen 1. En esta perrita utilizamos el sentado para enseñarla a permanecer tranquila cuando se cruza con otros perros.

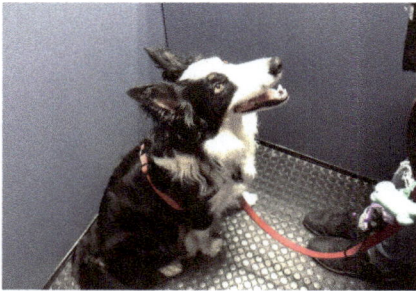

Imagen 2. Este perro se relaja con el sentado en sus salidas a la calle.

Imagen 3. Esta perrita y su propietario disfrutan de la relajación de sentarse y leer el periódico.

Si conseguimos que se siente, premiamos inmediatamente (le damos la comida o la pelota). Si no llega a sentarse (algunos perros tardan algo más en captar lo queremos indicarles), pero comienza a flexionar las patas traseras, premiaremos en ese momento reforzando así cualquier conducta que se acerque a la que queremos (moldeado). No importa que se levante rápido, lo importante es que se le premie en el momento justo en el que se sienta y entienda que lo hace bien.

Todavía no introducimos ninguna señal verbal, solamente indicaremos al perro lo que queremos mediante el señuelo (comida o pelota) y el refuerzo positivo tras la conducta.

Una vez que hayamos repetido este primer paso muchas veces y estemos seguros de que cada vez que iniciamos el movimiento el perro se sienta, comenzaremos con el segundo paso, en el que trataremos de que mantenga la posición durante un poco más de tiempo. Para ello, haremos el mismo gesto para que se siente y aumentaremos unos segundos el intervalo antes de entregar el premio. Uno o dos segundos las primeras veces, aumentando progresivamente el tiempo siempre que el perro mantenga la posición.

Cuando hayamos conseguido que mantenga la posición durante varios segundos al menos, pasaremos al tercer paso, que consiste en añadir una señal verbal a la conducta. Tenemos que elegir la palabra que vamos a utilizar. Da igual la que sea, la premisa es que sea siempre la misma para no andar confundiendo al perro. Para ello, daremos la señal verbal primero y seguidamente haremos la señal visual, repetiremos varias veces hasta que el perro asocie la señal verbal a la visual que teníamos al inicio (movimiento con el dedo por encima de la cabeza).

El cuarto paso consiste en retirar la señal gestual. Para ello, pronunciaremos la señal verbal e iremos reduciendo el movimiento que hacemos con la mano en cada repetición, hasta que consigamos que el perro se siente solamente con la palabra.

El quinto paso será generalizar el comportamiento a distintos ambientes y con distintos estímulos que lo distraigan.

El sexto es eliminar el refuerzo positivo primario. Tendremos que comenzar a premiar con un programa de refuerzo de razón variable, hasta eliminarlo por completo, es decir, a veces premiamos y a veces no con la comida o la pelota. Podemos añadir una palabra de felicitación, como el MUY BIEN, que representa un refuerzo secundario. Para ello, habrá que hacer repeticiones de su uso justo antes de darle la comida o la pelota tras sentarse.

Recordemos que es fundamental que las sesiones de entrenamiento sean cortas (mejor 5 minutos que 20) y repetidas en distintos momentos; que entre sesión y sesión el animal pueda jugar y/o dormir, ya que esto mejorará la calidad del aprendizaje y la memoria; y que cada perro tiene un ritmo de aprendizaje distinto y no se le puede exigir ni tratar como lo harías con otro.

CAPÍTULO 18

¿POR QUÉ LADRA MI PERRO?

El ladrido es el tipo de comunicación auditiva más frecuente en el perro. Su significado es diverso dependiendo de la situación en la que se produzca, obedeciendo en muchos casos a un ladrido de alarma (personas, perros u otros estímulos desconocidos o amenazantes), demanda de atención, de juego, de aislamiento o incluso e dolor.

A través de la domesticación, esta forma de comunicación se vio potenciada en el perro, hasta el punto de convertirse hoy día en una conducta molesta para algunos propietarios, por lo que frecuentemente se tiende a utilizar el castigo para intentar detener la conducta. Sin embargo, el castigo no es un buen método para crear aprendizaje ni para modificar conductas. Es preferible buscar la causa e intentar modificarla mediante diagnóstico veterinario y técnicas amables con el animal.

Para ayudarte a identificarlo, te vamos a dar una lista de posibilidades, que podrán coincidir o no con el caso de tu perro, pero al menos te servirán de referente:

1. El perro ladra para comunicarse. No es la forma más importante de comunicación entre ellos, pero sí la más seleccionada por el humano durante miles de años de domesticación. Irónico ¿no?

2. Ladrar por miedo también es muy frecuente, acompañado por otros signos corporales. Un perro con miedo nunca debe tratarse con castigo.

3. Para jugar. Dentro de la secuencia de la conducta de juego se encuentran el ladrido y el gruñido. Es normal, así que no debes inhibirlo.

4. En la caza. Sabemos que los perros han sido seleccionados para distintas labores y una de ellas es la cacería. Algunas razas ladran más debido a que con ello pueden avisar a los otros perros o al cazador.

5. Perros de guarda. Muchas de las quejas sobre el ladrido vienen dadas por propietarios que han adquirido un perro de guarda y les molesta que ladre por la noche. El perro solo está ejerciendo la función para la que ha sido seleccionado.

6. Problemas relacionados con la separación del propietario. Los perros son animales sociales. No les gusta estar solos en una terraza, un jardín o una finca, ni tampoco atados a una cadena la mayor parte del tiempo, ni en casa mientras

su dueño se va a trabajar. El ladrido que emiten en estos momentos puede llegar a la desolación, pasando por estrés, ansiedad, frustración o aburrimiento.

7. Alarma. Cualquier estímulo externo conocido o desconocido puede hacer que un perro ladre momentáneamente. Simplemente está avisando.

8. Reforzado por el propietario. Aquí viene uno de los más importantes y que puede ir unido a cualquiera de los demás motivos. Si cuando tu perro ladra le prestas atención, estarás reforzando ese ladrido, que tenderá a repetirse.

9. Demanda de atención. El ladrido de "hazme caso", "tírame la pelota", "sácame de aquí", "vamos, sigue, no te pares". Normalmente es reforzado, por eso se repite.

10. Territorial. Cualquier perro puede defender su territorio o sus pertenencias, sea miedoso o seguro (Img.1).

11. Frustración. Los perros también se frustran cuando no entienden algo o no pueden alcanzar lo que quieren. Al igual que los bebés lloran, los perros utilizan el ladrido.

12. Dolor. Aunque te parezca mentira, el dolor también puede manifestarse con el ladrido. El dolor es un síntoma en ocasiones poco tenido en cuenta.

Imagen 1. *Perro ladrando en un refugio a otro perro que se acerca a su jaula.*

13. Conducta repetitiva. A veces el ladrido se convierte en la única salida al estrés y a la desesperación. Es lo que ocurre frecuentemente en los peros que están en refugios. Ladran de manera repetitiva y monótona, como si de esa manera pudieran deshacerse de la ansiedad que les causa el confinamiento.

¿Cómo lo solucionamos? Pues, como has visto, hay muchas causas posibles, por lo que tendremos que averiguar primero de cuál o cuáles se trata. Para ello deberás acudir a una consulta con un etólogo veterinario.

Si crees que tu perro ladra en demanda de atención, simplemente deja de reforzar la conducta de ladrar dejando de prestarle cualquier tipo de atención y comienza a premiarle cuando deje de ladrar. Además, puedes practicar una conducta alternativa bajo señal, como por ejemplo sentarse delante de ti sin ladrar, para entablar una interacción con él. Alternativamente, puedes enseñarle a ladrar bajo señal, así tendrás otro truco más para practicar con él. Ya verás cómo enseguida lo pilla y disfrutas mucho más del silencio.

CAPÍTULO 19

¿POR QUÉ MI PERRO TIRA DE LA CORREA?

El problema de tirar de la correa es uno de los más reclamados por los propietarios de perros. Incluso hay personas a las que les preocupa o molesta más que su perro tire de la correa que otros problemas de comportamiento que pueda tener el animal. Intentaremos explicar en una lista los motivos por los que lo hace.

Como en muchos otros problemas de comportamiento y educación, este suele ser tratado castigando al perro de distintas maneras. Las más habituales son dar tirones del collar, colocar collares de castigo, gritar, colocar arneses y ronzales anti tiro, dar una patadita, etc. Y muy pocas personas buscan asesoramiento para saber la causa de ese comportamiento.

Si castigas a tu perro, obtendrás un único resultado: deteriorar el vínculo entre los dos.

Aquí tienes la lista de posibles motivaciones para tirar de la correa:

1. Porque corre más que tú. Simple y llanamente eso, por lo que, o aligeras el paso o sentirás la tracción (Img.1).

2. Tu perro puede tener miedo y por eso tira de la correa. Muchos perros no fueron socializados durante la fase temprana (3 a 12 semanas de vida) con entornos urbanos, bien por no vivir en dichas zonas o por no haber salido a la calle en ese periodo. Si tiene miedo, no lo expongas a entornos demasiado estimulantes, ve muy poco a poco y nunca tires de la correa.

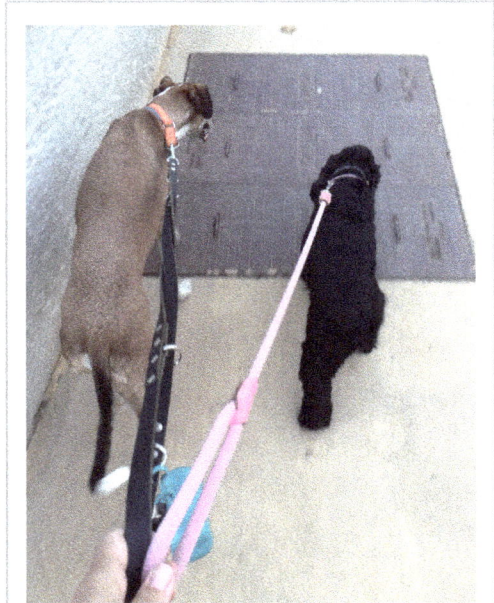

Imagen 1. Perros traccionando de la correa mientras caminan en el paseo.

3. Ansiedad: tu perro no sabe lo que va a ocurrir. La educación inconsistente es uno de los grandes motivos po⁻ los que los perros muestran conductas anómalas.

4. Capacidad exploratoria: es algo normal en un perro y una necesidad de comportamiento que debe ser sa⁻isfecha, con más intensidad si es joven. Debes dejar que tu perro olfatee y explore durante el paseo. Colócale una correa larga para que pueda hacerlo durante parte del camino.

5. Juego: si tienes un perro joven o muy activo es lo que hay. Dedica parte del paseo a ejercitarlo y jugar con él y hazlo también en casa y siempre de manera controlada.

6. Rastreo: relacionado con la capacidad exploratoria. Hay perros de determinadas razas, como por ejemplc las de caza, que tienen más acusada la capacidad de olfatear rastros. Dejarles hacerlo es una parte muy importante de un programa de enriquecimiento ambiental.

7. Falta de asesoramiento o asesoramiento inapropiado: no te han asesorado o lo han hecho de manera incorrecta sobre el comportamiento de un perro y sobre lo que necesita, y por eso haces lo que crees o has visto en otros, sin pensar si es aplicable a tu caso o no.

8. Pura ley de la física: si tiras fuertemente hacia un lado, tu perro tenderá a seguir tirando hacia el otro. ¿Has probado alguna vez a no llevar la correa tensa? ¿Y si llevas una correa más larga?

9. Conducta social: el perro es un mamífero social. Esto quiere decir que quiere estar acompañado. Por lo tanto, querrá saludar a las personas conocidas y a otros perros. A él le importa poco estar atado. Enséñale a saludar educadamente.

10. Pastoreo: algunas razas vienen determinadas por las conductas para las cuales han sido seleccionadas. Muchos individuos de estas razas intentarán mantener al grupo unido, por lo que, si hace falta, tirarán de la correa para ello.

11. Falta de educación: los perros no nacen enseñados a no tirar de la correa. Ni siquiera saben que van a tener que salir a la calle atados. ¿Por qué no se lo enseñas desde pequeño en positivo y sin castigos?

12. Falta de estimulación y/o contacto social: algunas veces no dejamos que nuestro perro juegue en casa o pretendemos que viva en una terraza o en una parcela separado de ncsotros. Si decidimos sacarlo a la calle, se volverá loco por olfatear, jugar y tener contacto social.

13. Falta de acceso: pocas salidas o salidas de poca duración. El perro tiene que satisfacer, al menos en una de sus salidas diarias, todas las conductas ya comentadas: capacidad exploratoria, ejercicio físico y contacto social.

14. Auto refuerzo: cuando él tira, consigue llegar adonde quiere: avanzar hacia delante, saludar, olfatear.

15. Aunque te parezca mentira, quizás tu perro está intentando escapar de la molestia que le genera llevar la correa tensa o tus castigos. Por eso, uno de los ejercicios es llevarla floja.

16. Quiere llegar al parque o al sitio donde lo dejas suelto o quizás lo estás paseando por un sitio nuevo y está más excitado.

El primer paso para intentar solucionar que el perro tire es averiguar por qué y tratarlo. Y para eso estamos los profesionales: no pidas consejo en el parque, o a tu vecina, tampoco lo busques en internet ni en la tele. Búscanos a los profesionales, que para eso estamos. Seguramente todo lo demás al final te saldrá más caro.

El segundo es eliminar el castigo. No es necesario castigar a tu perro cuando tire de la correa. Siempre hay otros métodos. El castigo no solo no sirve para nada, sino que hará daño a tu perro: física y psíquicamente. Tirar de la correa puede causar hipoxia, golpes de calor, daños en el cuello y conductas anómalas.

El tercer paso es trabajarlo. ¿Qué material utilizamos? Lo mejor sería una correa larga de una longitud mínima de 2,5 metros, un arnés o un collar bastante ancho y acolchado, comida y/o juguete y muy buen humor.

La meta debe ser pasear tranquilamente con tu perro, no que vaya como en una marcha militar, porque queremos disfrutar, no desfilar (Img.2).

Las pautas para los ejercicios son las siguientes:

1. Empezar en un sitio tranquilo, sin distracciones con sesiones de trabajo muy cortas, 5 minutos es suficiente.

2. Con refuerzo positivo: comenzamos a caminar enseñándole al perro delante de su hocico comida o un juguete, lo que más le guste a él. Damos muy pocos pasos al principio y cada vez vamos ampliando más conforme lo haga bien.

3. Una vez lo haya aprendido, aumentamos las distracciones en el entorno y vamos cambiando a entornos distintos siguiendo las mismas pautas.

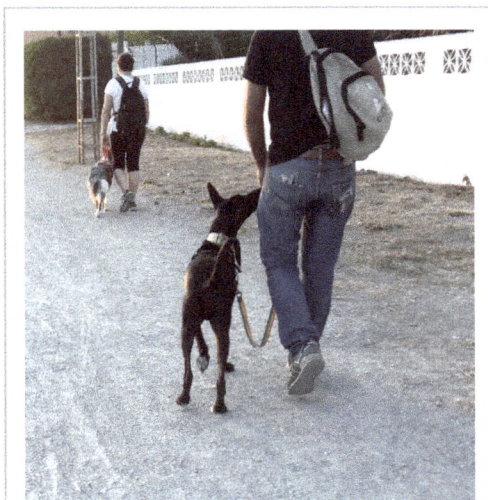

Imagen 2. Enseñando al perro a caminar tranquilo con la correa.

4. Otra forma de hacerlo es con castigo negativo: comenzar desde el punto 1 pero sin la comida. Damos unos pasos y, si el perro tensa la correa, nos detenemos o cambiamos el sentido de la marcha 180 grados y, cuando se afloje, seguimos.

5. Si el perro va caminando al lado, cerca o con la correa floja podemos premiarle.

CAPÍTULO 20

¿COLLAR O ARNÉS?

La respuesta más usual a esta pregunta es que con el collar el perro tira menos. Sin embargo, es un hecho que no es así, sino al contrario. Con el arnés el perro tira menos precisamente porque va más cómodo.

Otra cosa es que el perro no esté educado para caminar de manera ordenada en el paseo, pero eso no depende del uso de una u otra herramienta, sino del aprendizaje que haya tenido en ese ejercicio.

Pero, te planteo una pregunta: ¿puedes asegurar que tu perro nunca va a tirar accidentalmente si se encuentra a otro perro, persona, gato, moto, etc.? Si no puedes, sigue leyendo.

Hay dos motivos por los que el collar puede ser un elemento negativo:

- Daño físico. El collar se sitúa en una región corporal, el cuello, por donde pasan y se encuentran alojadas una serie de estructuras muy importantes para el organismo que, si se lesionan, pueden causar consecuencias negativas, entre ellas el dolor y otras como contracturas y dificultades en la respiración.

- Daño conductual. Los efectos físicos negativos del uso del collar y de su manejo (tirones, tensión constante, efecto perro yoyó, tirones cuando ve un perro, persona u otro estímulo) hacen que el perro asocie constantemente en su entorno este daño, malestar o emociones negativas con los mencionados estímulos mediante condicionamiento clásico. Esto conducirá al caso de un perro que no quiere que le coloques el collar para salir o que empieza a reaccionar ante la presentación de esos estímulos durante el paseo. Además, la forma de colocación del collar (si lo introduces por la cabeza) representa una postura amenazante para el perro.

Y el arnés, ¿soluciona todos los problemas? Evidentemente no, el arnés no está libre de mal manejo o uso ni de asociaciones negativas, pero sí que es mucho más ventajoso que el collar y mucho menos perjudicial. El arnés de por sí es más cómodo que el collar para pasear, ya que si el perro tira, el daño físico y conductual es mucho menor, por las estructuras que están implicadas. Recomendamos su uso, aunque siempre con tres condiciones:

- Elegir el arnés adecuado que no cause daños físicos en forma de rozaduras o tensiones inadecuadas en la piel y la musculatura.

- Saber colocarlo de la manera correcta, sin representar una amenaza para el perro.

- Enseñar a nuestro perro a no tirar de la correa mediante refuerzo positivo.

Como características principales de un arnés adecuado expongo las siguientes:

- El material debe ser suave o bien acolchado para que no roce en las zonas de fricción (pecho, axilas).

- No debe comprometer el libre movimiento de los miembros anteriores o torácicos (las patas delanteras deben moverse libremente y el perro debe poder andar, trotar y correr sin roce ni impedimento).

- No debe situarse inmediatamente detrás de los codos, para que no roce constantemente en las axilas.

- La anilla de colocación de la correa debe ser trasera para que la tracción se reparta en todo el pecho.

- Si en vez de cinta el material utilizado es más amplio, este debe ser transpirable.

- La colocación delantera debe caer sobre el pecho (esternón), no sobre el cuello.

- Es preferible el que se coloca por la cabeza que a través de las patas, ya que los perros suelen ser más sensibles a ser tocados en ellas, aunque la colocación por la cabeza debe trabajarse para no resultar amenazante.

En cuanto a la forma correcta de colocar el arnés, esta debería ser situándose de lado al perro y a su misma altura e introduciendo el arnés por la cabeza de abajo a arriba, dándole comida mientras dura el proceso y hasta que lo acabamos de ajustar. No debe hacerse de frente al perro y agachándose hacia su cabeza, ya que este movimiento resulta amenazante en su lenguaje, a no ser que se haga agachado, con comida y de abajo arriba (Imgs. 1 a 6).

Los arneses anti tiro no son una opción ideal porque también pueden causar daños en la tracción, aunque hablando de ellos, y si es necesario usarlos, son mejores aquellos que llevan una argolla en el pecho que los dogales o ronzales que se colocan en el hocico. Estos últimos pueden causar daños cervicales si no se usan habiéndose asesorado antes.

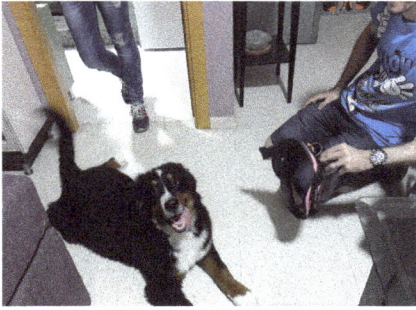

Imagen 1. Enseñando a un perro a colocarse el arnés de manera no amenazante

Imagen 2. Se dejará que el perro introduzca la cabeza por sí mismo mostrándole comida.

Imagen 3. Esta cachorrita está introduciendo la cabeza mientras coge la comida.

Imagen 4. La comida se aleja un poco para que introduzca la cabeza completamente.

Imagen 5. Con la cabeza ya introducida se le sigue dando comida.

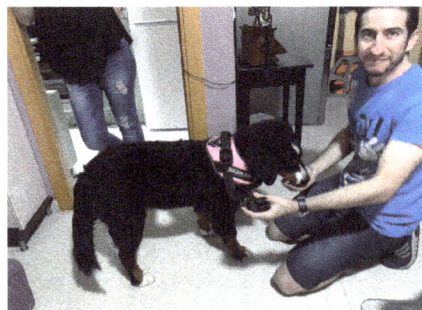

Imagen 6. Mientras se le da comida se continua con la colocación del arnés.

Como conclusión, creemos que es mejor el uso de un arnés que del collar, por la comodidad que producen en el perro que lo lleva y por las menores aversiones creadas con el entorno. Si aun así quieres o prefieres utilizar collar:

- Que no sea de cadena.
- Que no sea estrangulador.
- Que no sea de pinchos.
- Que no sea de descargas eléctricas.
- Que no sea demasiado estrecho.
- Que la correa vaya floja durante el paseo.
- Que no se proporcionen tirones a no ser que sea estrictamente necesario.

Paralelamente al uso del arnés o collar está el manejo de la correa. La forma en la que la manejas tiene más importancia de la que crees. Te sorprenderías si supieras la cantidad de asociaciones negativas que el perro establece mientras la lleva puesta y pasea. Asociaciones que más tarde pueden dar lugar a problemas de conducta a los que probablemente adjudicarás otras causas. Y es que a veces no es necesario ir más allá. Simplemente con un manejo correcto y estableciendo nuevas asociaciones positivas, el problema mejora mucho.

Desde el primer momento en que colocas a tu perro el collar y la correa comienza todo. Si estamos tratando con un cachorro, es un elemento desconocido completamente que colocas en su cuerpo. Si de lo que se trata es de un individuo adulto, puede tener adquiridos algunos hábitos incorrectos. En cualquier caso, tanto la herramienta en sí (collar, arnés, correa corta, correa larga), como la forma de colocarla y de usarla tienen repercusiones en el comportamiento del perro y en cómo percibirá su entorno mientras la lleva puesta.

Debemos asumir que llevar a un perro atado con correa es obligatorio en nuestra sociedad. Partiendo de ahí, ¿por qué no hacer que nuestro perro vaya lo más cómodo posible en su paseo y que este sea agradable para él y para nosotros? De esta manera, se facilita y se potencia el vínculo y la confianza del perro y el propietario.

Si el equipo de paseo se ve asociado en algún momento a un estímulo desagradable (tales pueden ser ahogo, incomodidad, tensión, tirón, colocación amenazante), el perro no solo va a percibir la correa como un elemento negativo, sino que todo lo que esté pasando a su alrededor en ese momento puede asociarse también: el propietario, el lugar (por ejemplo, el parque), personas que pasan por allí, un niño, un perro con el que te has parado, etc. Si la emoción del perro en ese momento es positiva, tendrá una percepción agradable de cualquier cosa que le rodea. Por el contrario, si es negativa todo lo asociará con esta emoción, pudiendo esto conllevar más adelante reacciones de miedo y/o agresividad.

Esto se llama condicionamiento clásico. Es una forma de aprendizaje que establece una asociación entre dos estímulos, uno que previamente no significaba nada para el animal y otro que sí tiene un significado muy poderoso, biológicamente importante y además involuntario, es decir, que el animal no lo controla. Cuando se presentan uno tras otro (los dos estímulos), se asocian, pasando el estímulo que no tenía significado a tenerlo. Este nuevo significado que adquiere el estímulo que antes era neutro, podrá ser positivo o negativo, dependiendo de cuál sea el otro estímulo con el que se ha asociado.

Y para que esto no le ocurra a tu perro, o le ocurra lo menos posible (porque por supuesto hay problemas que no tienen que ver con el manejo de la correa), te damos unos consejos:

- Observa siempre el lenguaje corporal de tu perro: si se agacha, baja la cabeza, echa las orejas hacia atrás, mete el rabo entre las piernas, gruñe, huye, se pone tenso, desvía la mirada, la cara o el cuerpo, no viene cuando le quieres poner la correa, o algo parecido, da por hecho que algo no le está gustando, no está cómodo, le molesta, le duele, todas ellas emociones negativas. Intenta empezar de cero, establece asociaciones positivas con todo lo que tiene que ver con el collar y la correa y el momento de ponérselos o el paseo. Esto se hace con comida, juego y/o caricias y un tono de voz agradable y alegre.

- Usa siempre mejor arnés que collar y correa larga en vez de corta y deja a tu perro moverse libremente y olfatear en el paseo.

- Cuando le coloques la correa o el arnés, hazlo siempre en una postura no amenazante para él: mejor agachado que en pie, mejor de lado que de frente, sin mirar fijamente a los ojos, sin gritar ni manipularlo bruscamente, sin perseguirlo o acorralarlo. Además, procura asociar este momento con palabras agradables, algún juguete, caricias y/o comida.

- Una vez colocado todo y durante el paseo, ve hablándole de manera agradable, jugando y/o dándole comida, lo que más le guste.

- Si ves algún perro acercarse o personas y no quieres que tu perro se encuentre con ellos por cualquier motivo, no des tirones ni regañes a tu perro. Si haces esto comenzarán las asociaciones negativas y tu perro podrá más adelante comenzar a reaccionar negativamente anticipándose al encuentro con perros o personas. Es mejor llamar a tu perro con comida o juego y darte la vuelta o cruzar de acera.

- Si te acercas o te cruzas con un perro o persona, asegúrate de que tu perro se va a llevar una buena impresión: prémialo durante el encuentro y procura que éste no dure mucho, por si el otro perro o la persona pueda establecer una comunicación negativa con el tuyo, como por ejemplo montarse encima o querer tocarlo.

Por supuesto, y como siempre, nada sustituye al asesoramiento de un profesional que analice cada caso de forma particular.

CAPÍTULO 21

MI PERRO MUERDE CUANDO JUEGA

U na de las múltiples cosas que la madre enseña a sus cachorros durante la cría es la inhibición de la mordida, y entre ellos mismos lo aprenden mientras juegan. Esto les permite saber que deben ceder cuando la intensidad de la mordida sea excesiva (Img.1).

En los animales sociales es muy importante el mecanismo de inhibición de la agresividad, ya que, de no existir, muchos enfrentamientos acabarían en la muerte de alguno de los oponentes, y no es evolutivamente ventajoso. Cuando uno de los perros muerde, aparece un mecanismo que hace que, durante la lucha, uno de ellos ceda mostrando al otro que debe parar.

Imagen 1. Madre jugando con su cachorro.

Si esta enseñanza no ocurre porque el cachorro no permanece con su camada el tiempo suficiente (al menos 8 semanas), ese adulto tendrá presumiblemente una mordida desinhibida.

Todos los perros necesitan morder. Su boca es una poderosa herramienta para optimizar sus factores de supervivencia. Es importante que proporcionemos al cachorro los juguetes adecuados a cada tramo de edad, para que satisfagan la conducta de morder, como carnívoros que son, sin perjudicarles en la formación de su mandíbula ni en la erupción de sus dientes. Necesitaremos asesoramiento para educarlos de manera correcta desde un principio en cuanto a qué objetos les está permitido morder y cuáles no. De otra manera, ellos morderán cualquier cosa que encuentren en su entorno. Parte importante de la conducta exploratoria es llevada a cabo con la boca y es una conducta muy acentuada y necesaria en el cachorro hasta la edad de adulto, siendo mantenida después en diferentes niveles según el individuo.

Mientras llevamos a cabo esa educación, hemos de procurar que el lugar donde descanse no sea perjudicial para ellos en el caso de que lo pudiera morder, que no se deshilache, que no suelte trozos de tejido que el cachorro pueda ingerir y que no haga daño a su sensible boca.

Nunca debemos permitir que un cachorro muerda nuestras manos o pies y, si lo hace, debemos parar el juego y, posteriormente, redirigirlo hacia sus juguetes. Esto ocurre frecuentemente con los niños, que al jugar con el cachorro agitan manos y pies, consiguiendo perpetuar el juego y por consiguiente los mordiscos. Los padres deben mediar en estos casos en las sesiones de juego de sus hijos con el cachorro, enseñándoles a utilizar siempre un juguete y a interrumpir la sesión inmediatamente si el animal se muestra excesivamente brusco. Además, es muy importante mantener siempre el control del juego mediante señales gestuales o verbales de inicio y fin, de manera que el perro tenga previsibilidad sobre cuándo va a jugar con sus propietarios. El resto del tiempo puede jugar él solo con los juguetes que siempre tendrá disponibles.

Imagen 2. Cachorro descansando tranquilo.

Por otro lado, es esencial que el cachorro se relacione con otros congéneres y, si no podemos proporcionarles esas interacciones, podemos acudir a clases de cachorros, muy beneficiosas tanto para los perros como para sus propietarios. Además, el nivel de ejercicio que proporcionemos al cachorro será directamente proporcional al de tranquilidad y equilibrio (Img.2).

La inhibición de la mordida es una de las consultas más frecuentes sobre comportamiento en cachorros, y morder en sí representa el 87% de las manifestaciones del comportamiento de los mismos. Estos datos pueden darte una idea de lo importante que es saber al respecto y actuar en consecuencia, ya que lo que está en juego es una vida llena de satisfacciones al lado de tu perro.

CAPÍTULO 22

¿TENGO QUE SACAR AL PERRO A LA CALLE?

ncluimos este capítulo aquí con el objetivo de que conozcas que pasear, explorar y tener contacto social son necesidades de comportamiento para tu perro. Esto quiere decir que es de obligado cumplimiento llevar a cabo estas actividades si quieres tener un animal como el perro acompañándote en tu vida.

Frases como "mi perro no necesita salir porque tiene un jardín" o "lo saco mucho, 3 veces al día, 10 minutos cada vez" deberían llamar la atención a cualquier persona al escucharlas. Pensar esto es estar poco informado sobre las necesidades de tu compañero canino.

Por supuesto, sí es necesario sacar al perro a la calle, y no solo eso, sino que las salidas deben ser suficientes en número y en duración, en ellas debes dejar que tu perro explore olfateando, debes evitar utilizar el castigo y los tirones de correa, debes permitir que tu perro se relacione y juegue con perros y personas y también que haga ejercicio físico.

Cualquier animal social tiene estas necesidades, incluidos nosotros. Simplemente párate a pensar cómo estás cuando te pasas una semana sin poder salir de casa porque estás enfermo o tienes mucho trabajo. ¿A que se te cae la casa encima? Pues eso es lo que sufren muchos perros en sus casas diariamente. Lo raro es que no estén peor de lo que están.

¿No encuentras normal que un perro en estas condiciones haga cosas como ladrar mucho, morder objetos de la casa o cavar en el jardín, perseguir sombras, hacerse sus cosas en casa o lamerse compulsivamente? Estos son solo algunos ejemplos, pero hay consecuencias orgánicas aún más graves.

Además, cuando se llega a este punto, el propietario está cada vez más nervioso y más desesperado, acaba utilizando el castigo sin tener sentido y el perro se confunde, se frustra más aún, comenzando a mostrar conductas de miedo e incluso agresividad. A lo mejor esto te puede parecer demasiado mientras lo lees, pero es una realidad más presente de lo que te puedas imaginar.

Así que, ¿cuándo vas a empezar? Si ya tienes perro y crees que puedes mejorar estas necesidades o si aún no lo tienes y no sabes del tema, puedes leer estas recomendaciones:

- Dale a tu perro oportunidades todos los días de hacer ejercicio, tanto físico (caminando, corriendo, jugando) como mental (enseñándole cosas nuevas, dejándole olfatear, haciendo recorridos nuevos), de tener interacción social con otros perros y con personas, de aprender cosas nuevas (Imgs. 1 y 2).

- Haz estas cosas todos los días, aunque tu perro disponga de una parcela de 5000 m2.

- Llévalo a la calle al menos 3 veces al día para que haga sus necesidades fisiológicas. Entiende que 3 veces al día significa repartidas en las horas diurnas, con un intervalo máximo de 8 horas entre cada salida.

- Cada perro (individuo) tiene unas necesidades particulares de ejercicio físico, por lo que no podemos darte una regla. Tendrás que establecer tú mismo lo que es adecuado para el tuyo de manera diaria. Pero de manera recomendada cada salida debería durar al menos media hora.

- Acuérdate del primer punto: los paseos tienen que ser estimulantes y divertidos y son para él, aunque también los puedas disfrutar tú (eso seguro).

- Por supuesto, estas recomendaciones son para un perro que no tenga problemas de comportamiento. No serán las mismas para un perro que sea miedoso, agresivo, etc. Para ello, un profesional adecuado deberá darte medidas especiales. Por ejemplo, un perro que tiene miedo a la calle no necesitará salir mucho, sino todo lo contrario, ni tampoco le vendrá bien que le variemos el escenario o el recorrido, sino ser lo más rutirario posible, pues le aportará seguridad.

- Si tienes jardín, terraza grande, patio o similar aprovéchate de eso y utilízalo para satisfacer sus necesidades haciéndole juegos de olfato, entrenando trucos, colocando obstáculos de *agility*, etc.

Practica estas recomendaciones durante dos semanas y ya verás cómo notas el cambio en él.

Imagen 1. Perrita olfateando relajadamente en su paseo diario.

Imagen 2. Practicando durante el paseo conductas bajo señal, en este caso el tumbado.

CAPÍTULO 23

¿CÓMO LE ENSEÑO A QUEDARSE SOLO EN CASA?

La ansiedad por separación es un trastorno del comportamiento característico de los perros, dentro de los trastornos relacionados con la separación del propietario, aunque también lo podemos encontrar en gatos con menos frecuencia.

El comportamiento afiliativo es la base de la conducta gregaria, propia de especies sociales como el perro doméstico. Son todas aquellas conductas que hacen que los individuos de un grupo tiendan a permanecer juntos. Todos hemos experimentado la cabeza de nuestro perro encima de nuestros pies cuando estamos cocinando. Él quiere que sepamos que está ahí, y que hace lo que puede porque permanezcamos juntos. Es decir, hoy en día, nuestros perros son integrantes del grupo familiar. En otros casos, son varios perros los que viven juntos o con otras especies. Por ejemplo, en los gatos, el acicalamiento mutuo, dormir juntos o jugar juntos son signos de pertenecer al mismo grupo social.

Según el Dr. Miklòsi, el apego es la atracción duradera hacia una figura de referencia, por ejemplo: la madre o el humano. Esta figura proporciona una base segura al animal, lo que quiere decir que en su presencia está tranquilo. La ausencia de esta figura provoca estrés. Cuando la base segura está presente, el perro es capaz de jugar, explorar, comer y desarrollar el contacto social. Cuando le falta, hay conductas asociadas al miedo y al estrés.

En condiciones naturales en el ancestro (lobo), este apego a la figura de referencia (representada por la madre), se va transfiriendo a otros individuos y elementos (otros lobos de la manada, el entorno físico) conforme se va produciendo el destete. Este sería el concepto de homeostasis sensorial, el establecimiento transferido de otras relaciones afiliativas no tan intensas con otros miembros del grupo y con el entorno. Esto es lo que no ocurre en el entorno doméstico. El perro mantiene este apego inicial hacia el propietario, normalmente porque no ha existido un proceso gradual de destete y transferencia de referencias. ¿A que todos nos sentimos más seguros cuando estamos acompañados por un familiar o amigo que cuando estamos solos o con personas desconocidas? ¿O cuando estamos en nuestra casa que cuando estamos en un sitio nuevo?

Actualmente, las conductas inapropiadas que aparecen en el animal cuando está separado del dueño se denominan trastornos relacionados con la separación. Son conductas que no necesariamente tienen que ver con un estado de ansiedad y suelen estar incluidas en uno de estos apartados:

- Eliminación inadecuada.
- Vocalizaciones.
- Destructividad (Img. 1).

Imagen 1. El nivel de destrozos llevados a cabo por un perro en ausencia del propietario puede ser a veces sorprendente

En la mayoría de las ocasiones, los síntomas no son percibidos por el propietario, debido a que se producen en su ausencia, y este suele darse cuenta por quejas de los vecinos o porque cuando llega a casa se encuentra los destrozos o las micciones y defecaciones.

Debido a que estos síntomas pueden tener distintas causas, no es buena idea generalizar en el diagnóstico y el tratamiento, sino hacer de cada caso un acontecimiento individual e intransferible y analizarlo concienzudamente.

La prevalencia de este problema, según los últimos estudios, es de alrededor del 40%. Un gran porcentaje de problemas de estrés por separación no son diagnosticados, frecuentemente porque el propietario no sabe que existe el problema, porque cree que ya se arreglará o porque no cree que tenga importancia o no le molesta. Hay que dejar claro que el animal que sufre de estrés o ansiedad por la separación tiene comprometido su bienestar. Por lo tanto, cualquier persona que tenga la más mínima duda debería contactar con su veterinario de cabecera o con uno especializado en medicina del comportamiento.

El estrés crónico que experimenta el animal puede tener consecuencias como, por ejemplo, repercusiones sobre la salud, abandonos o eutanasia y generalización del estado emocional negativo. También existen repercusiones sobre el estado emocional del propietario, que no sabe qué hacer, castiga al perro empeorando el vínculo con el mismo y sufre la presión social de las quejas y denuncias de los vecinos.

Es importante recalcar que algunos síntomas no se notan: anorexia, letargia, inhibición motora. Por eso los propietarios pueden pensar que no le ocurre nada a su perro, pues no es problemático el comportamiento para ellos.

El tratamiento de la ansiedad por separación es multimodal y se basa en una terapia de modificación de conducta encaminada a hacer que el entorno del perro sea predecible y que no necesite llamar la atención de su dueño, además de habi-

Imagen 2. Propietaria realizando ejercicios de falsas salidas en un caso de ansiedad por separación.

tuarse a estar relajado, enriquecer el entorno, premiar y favorecer las conductas relajadas y habituar al perro a quedarse solo de manera progresiva, haciendo ejercicios de imitación de la salida cada vez de mayor duración. Estas salidas falsas se llevan a cabo mientras el dueño está en casa y de manera repetida (Img.2). El resto del tiempo, sería ideal que el perro no llegara a quedarse solo (dejarlo con un familiar, residencia canina, etc.)

No se recomienda en ningún caso el uso de jaulas, collares anti ladrido o castigo al llegar a casa. Tampoco tiene por qué funcionar como medida adoptar otro perro ni, por supuesto, la castración.

Una medida complementaria muy importante es la feromonoterapia, mediante la feromona de apaciguamiento canina.

Desde que nuestro amigo llega a casa, una de las prioridades será enseñarle a quedarse solo mediante habituación, es decir, de manera repetida y muy progresiva, sin que llegue a mostrar síntomas negativos, comenzando en tiempos de segundos y aumentando hasta llegar a varias horas de ausencia. Para ello, deberemos disponer de tiempo (vacaciones) o de alguien que se quede con el perro mientras trabajamos. En esta medida preventiva también es fundamental ayudarnos de feromonas para hacer el entorno del perro un lugar más agradable y menos estresante. El vídeo es una herramienta fundamental en esta tarea y en el diagnóstico de los trastornos relacionados con la separación.

CAPÍTULO 24

¿DÓNDE DEJO A MI PERRO SI VIAJO?

Si te planteas esta pregunta, entendemos que es porque te has informado y no puedes llevar a tu perro contigo donde vas. Pero si quieres disfrutar, y que él también lo haga, tendrás que tener en cuenta todos los factores que pueden influir en su bienestar. Es una alternativa que debes barajar y sopesar y que tiene diversas consideraciones de cara a que tu perro esté bien en tu ausencia.

A veces pensamos que la mejor opción será llevarle con nosotros, para que todos podamos disfrutar. En España la cosa no es sencilla, hay pocos lugares *dog friendly*, aunque cada día más hoteles, casas rurales y alojamientos permiten animales (que no es lo mismo que ser *dog friendly*). Siempre tienes que asegurarte antes de hacer la reserva, porque hay muchos que limitan el alojamiento de perros a un determinado peso o raza y suelen cobrar un suplemento o una fianza.

Como ya sabes, el perro es una especie social y gregaria. Necesita crear conexiones que le aporten seguridad con su entorno y con otros individuos. Por eso, al perderlas, puede sufrir estrés. Esta es la que puede representar la parte negativa de irse de vacaciones para el animal, ya sea con su dueño o sin él. Por supuesto, si tenemos al perro desde cachorro, criado con su madre y hermanos, separado en el momento adecuado de la camada, con una correcta socialización, habituado a cambios de entorno (incluyendo quedarse en casas de otras personas o residencias caninas), al coche, a quedarse solo, a viajar, etc., sufrirá muy probablemente menos estrés.

Existen 3 planteamientos principales: quedarse con un familiar, la residencia canina de siempre o un cuidador canino. Cada una de las 3 posibilidades requiere que se lleve a cabo una habituación previa a la estancia definitiva. ¿Por qué? Pues porque ya sabes que los cambios y la separación de las figuras o elementos de referencia provocan estrés en el animal. Por tanto, si has acostumbrado antes al perro a permanecer cortos periodos de tiempo en ese lugar distinto a su hogar y no lo ha pasado mal, te quedarás más tranquilo cuando tengas que dejarle allí, y él también (Imgs. 1 y 2).

¿Cuál es la mejor opción? La respuesta es que depende del individuo y de sus circunstancias de vida. Lo que está claro es que es muy importante elegir muy bien el lugar donde dejas a tu perro.

Imagen 1. Perrita en residencia canina.

Imagen 2. Administrando comida en su chenil para que se sienta mejor.

A la hora de elegir una residencia, te enumeramos los detalles que consideramos que hay que tener en cuenta:

- Las habitaciones o cheniles deben tener dimensiones suficientes, una zona resguardada y con sombra, ventiladas y con algún espacio para refugiarse o esconderse. Deben ser seguras, que no permitan fugas, a ser posible con doble puerta (Img.3).

- Que salgan varias veces al día a una zona de recreo donde puedan expandirse, hacer sus necesidades, jugar y olfatear (Img.4).

- Que esté situada en un entorno tranquilo, con personal agradable y formado y que manipulen a los animales con cariño.

- Deben disponer de un cuidador todos los días de la semana. Asegúrate que tanto domingos como festivos siempre haya alguien que vaya a sacar a los perros y a darles de comer y ponerles agua.

Imagen 3. Sistema de doble puerta utilizado en algunas residencias caninas.

Imagen 4. Zona de recreo de una residencia canina

ETOLOGÍA CANINA GUÍA BÁSICA SOBRE EL COMPORTAMIENTO DEL PERRO

- Tienen que admitir que lleves su comida y que respeten tanto las dosis como si toma algún tipo de medicación, además de su camita y sus juguetes (es importante llevar algo que reconozcan).

- No deben mezclar a los perros en los patios o zonas de recreo sin tu autorización.

- Te deben solicitar la cartilla de vacunación al día y por supuesto que el animal lleve microchip.

- Que dispongan de seguro por si ocurre un accidente y no se nieguen a visitarlos ni a llevar a cabo un periodo de adaptación.

- Dejarles una lista con indicaciones o advertencias que creas convenientes.

Luego, por supuesto, están cosas tan importantes como la limpieza e higiene, la seguridad, si conoces o tienes referencias de alguien que haya alojado allí a su perro. Incluso hay muchas hoy en día que tienen vigilancia por cámara para que podáis verles o incluso mandan fotos y vídeos.

¿Y la opción del canguro? ¡Cuidado! Porque hay muchas personas que no están preparadas para esta labor y no te ofrecerán un servicio de calidad, seguridad y cuidado. Detalles a tener en cuenta:

- Debes comprobar y exigir la formación de la persona o, al menos, acudir por recomendación de alguien o a partir de opiniones contrastadas.

- Comprueba que quieran conocer a tu perro previamente e incluso pasear juntos y visitarlos.

- Mejor si tienen conocimientos de educación canina.

- Acuérdate de la lista con las indicaciones.

- Ten en cuenta si acogen a más de un perro a la vez o solo se quedan con uno.

- Averigua si tu perro se va a quedar solo y qué rutina diaria va a disfrutar y si esto concuerda o no con lo que quieres para él.

- Ten en cuenta si va a convivir con otros perros y si la estancia va a ser en piso, casa de campo, chalet.

Una aliada fundamental durante su estancia será la feromonoterapia, concretamente la feromona de apaciguamiento canina, que hará que el tiempo que pase tu perro en otro lugar sea lo menos estresante posible. Pero no olvides habituarlo previamente.

CAPÍTULO 25

HABITUACIÓN AL TRANSPORTÍN

El transportín es un elemento muy útil al que deberíamos habituar a nuestro perro como una de las cosas corrientes de su rutina. Si lo hacemos bien, le servirá como sitio seguro, lugar de referencia al que acudir cuando quiera estar tranquilo, camita, elemento para transportarlo en los viajes, sitio para estar cuando nos encontremos en un lugar no habitual, etc.

Para que genere esta sensación de tranquilidad y familiaridad en el perro, tendremos que habituarlo y también condicionarlo de manera clásica y operante, es decir, tendremos que hacerle ver que es un elemento normal en su entorno, asociarlo con comida y juguetes y hacer que entre y salga con una señal, respectivamente.

Lo primero es saber qué transportín vamos a usar. En el mercado los hay de distintos tipos, dependiendo del uso que se le vaya a dar o dónde se vaya a colocar. Los tienes de tela plegables (muy prácticos para los viajes), de plástico duro (que está dividido en parte superior e inferior) y de tipo jaula (también plegable) (Imgs.1 y 2). Si vas a viajar en avión es obligatorio usar los que llevan la etiqueta de homologados.

Es fundamental que comprobemos la comodidad del perro dentro del mismo. Debe caber entero en su longitud y poder sentarse y ponerse de pie sin tocar el techo, así como darse la vuelta cómodamente en su interior. Esto es muy

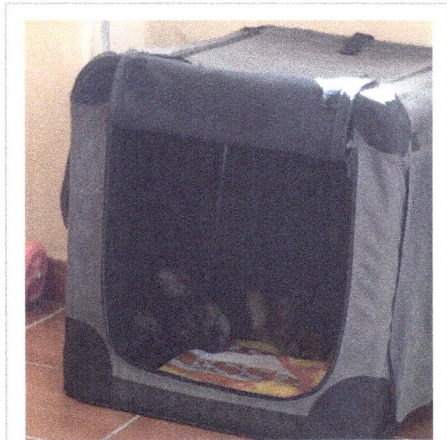
Imagen 1. Transportín de tela plegable.

Imagen 2. Transportín rígido con apertura frontal.

importante para su bienestar. Ni que decir tiene que el transportín no es para castigar ni tampoco para dejar al perro dentro durante horas. Está absolutamente prohibido hacer estas cosas.

Para entrenar a tu perro a que tolere con gusto el uso del transportín seguirás los siguientes pasos:

- Para empezar, una vez hayas elegido el transportín adecuado, lo colocarás abierto en el entorno de tu perro simplemente para que sepa que está allí, que es un elemento más y que lo vea todos los días. Lo puedes ir moviendo por la casa hasta donde estés en cada momento con él. Este procedimiento se llama habituación. Observarás el lenguaje de tu perro con respecto al nuevo elemento. Si pasan los días y sigue mostrando miedo o desconfianza, se deberá hacer un tratamiento específico.

- Pasados unos días, seguramente tu perro ya habrá entrado dentro y lo habrá explorado. Esto sería lo más normal. Ahora comenzarás con el condicionamiento clásico. Quitarás la parte superior al transportín y lo dejarás abierto (si no es divisible en dos partes solo abierto). Colocarás dentro de él comida, chuches, agua, camita y juguetes. Así, cuando él entre, se encontrará allí todo lo que le gusta y lo irá asociando (Imgs. 3 y 4). Esto lo harás en distintos momentos y habitaciones de la casa. Nunca debes obligarlo o forzarlo.

Imagen 3. Enseñando a un perro a entrar en el transportín utilizando comida.

Imagen 4. Observa cómo el perro entra a por la comida sin problema.

- Tras varios días, seguramente tu perro entre ya solo dentro del transportín y se quede dentro un buen rato buscando comida, incluso a lo mejor se ha tumbado dentro. Se siente cómodo con este nuevo elemento. Es el momento de colocarle la parte de arriba y repetir el paso anterior varios días más.

- Una vez conseguido esto, puedes enseñarle a entrar y salir y sentarse y tumbarse dentro de él. Esto es condicionamiento operante. Cuando hayas conseguido que se quede dentro un rato, puedes comenzar a cerrar y abrir repetidamente la puerta mientras sigues premiándolo (Imgs. 5 a 13).

En esta serie de imágenes se observa cómo el perro anterior finalmente consigue entrar en el transportín completamente:

Imagen 5

Imagen 6

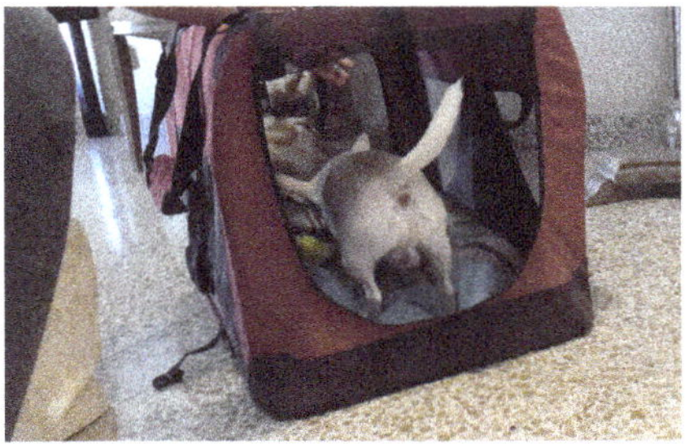

Imagen 7

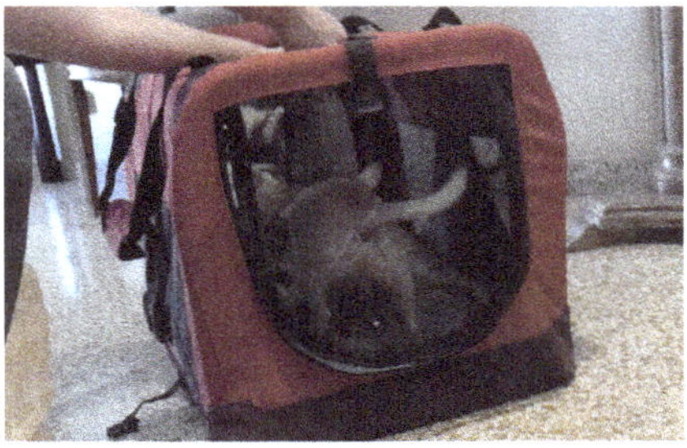

Imagen 8

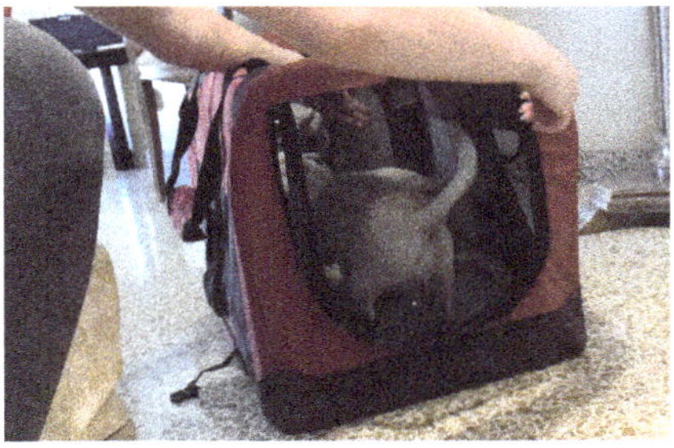

Imagen 9

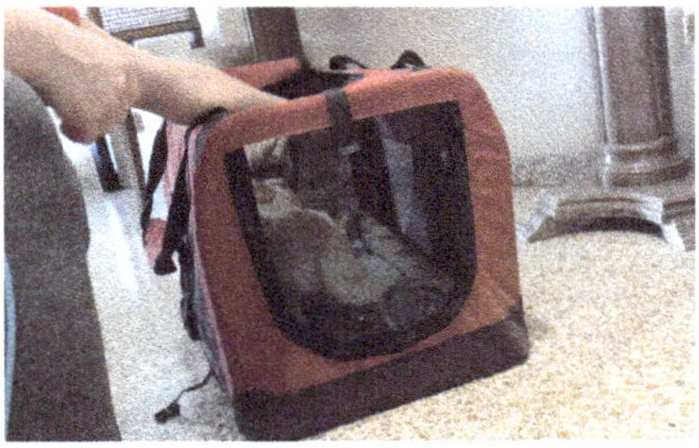

Imagen 10

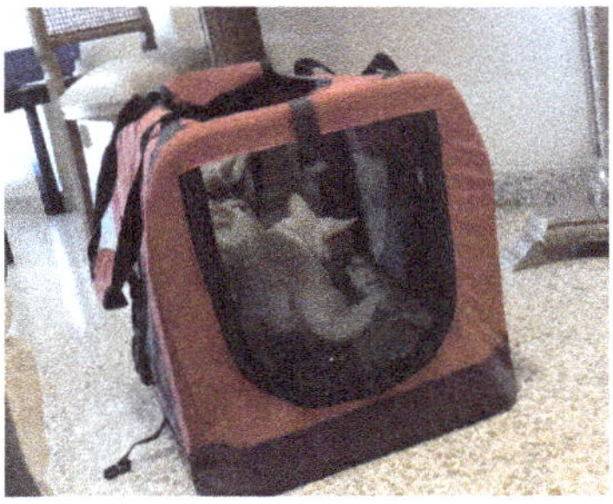

Imagen 11

Imagen 12. Una vez que hemos conseguido que entre se le sigue entregando comida.

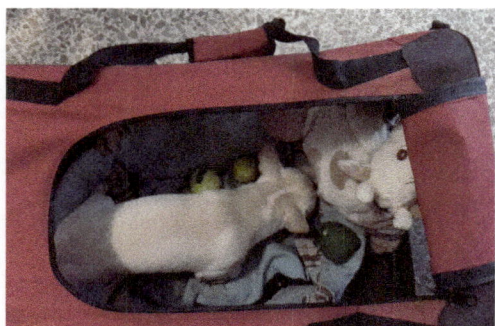

Imagen 13

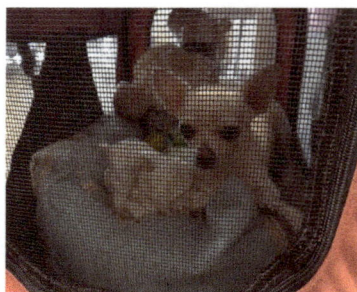

Imagen 14. Tras haber practicado muchas veces el ejercicio el perro permanece tranquilo en su transportín

- Por último, irás alargando progresivamente al tiempo que el transportín permanece cerrado y alejándote de él. Además, lo moverás de un sitio a otro con el perro dentro, mientras lo premias en su interior o le dejas un hueso o un juguete relleno de comida. También lo llevarás a distintos entornos donde vayas: el veterinario, el campo, un bar, casa de familiares, etc., para generalizar su buen uso. Siempre utilizando premios de comida o juguetes, así como juguetes rellenables de comida (Img.14).

- Puedes ayudarle con feromona de apaciguamiento canina rociada un rato antes del ejercicio dentro del transportín o en una mantita.

No tengas prisa para completar este proceso. Es muy importante que tu perro nunca vea asociado el transportín con nada negativo. Forzarlo, obligarlo o correr no harán que tu perro esté a gusto en él. Si tienes que pasar varias semanas haciendo el entrenamiento, no te preocupes, así estará mucho más afianzado. Cada perro tiene su ritmo y lo marca él. la premisa es que no deje de ser divertido.

CAPÍTULO 26

¿CÓMO LLEVAR A MI PERRO EN EL COCHE?

Llevar a tu perro en coche puede ser una experiencia placentera o la más desagradable del mundo, dependiendo de la percepción que tenga tu perro del mismo y de las experiencias y emociones vividas en él. De ti y de tu tiempo depende hacérselo lo más agradable posible.

Si piensas viajar en coche con él, lo primero que te recomendamos es consultar si el lugar al que vas solicita requisitos de entrada con animales, pues te podrías encontrar con una sorpresa desagradable.

Lo segundo es la seguridad en el viaje: ¿cómo vas a llevar a tu perro o gato?

Según la DGT, el 82% de los animales de compañía viajan en coche. Y, según un estudio reciente, el 32% de los conductores lleva suelta a su mascota en él.

Si se produjera un choque frontal, el peso del perro se multiplicaría por 20 o 30, lo cual es fatal para el animal, pero también muy peligroso para el resto de los viajeros.

Es fundamental seguir las medidas de seguridad recomendadas. El animal debe viajar de manera que esté impedida la interacción con el conductor. Lo mejor es dentro de un transportín y lo más seguro para perros pequeños es que este se sitúe en el suelo detrás de los asientos delanteros. Si el perro es de tamaño mediano o grande, la seguridad lo ubica en el maletero y con el transportín colocado paralelo al asiento de atrás, mejor si es con reja que separe el habitáculo del maletero. También existe la posibilidad de colocarle con arnés de seguridad en el asiento trasero, aunque esto no es tan seguro, ya que la hebilla del arnés se rompe si hay un siniestro (Imgs. 1 y 2).

Imagen 1. Enseñando a un perro a viajar en el maletero del coche.

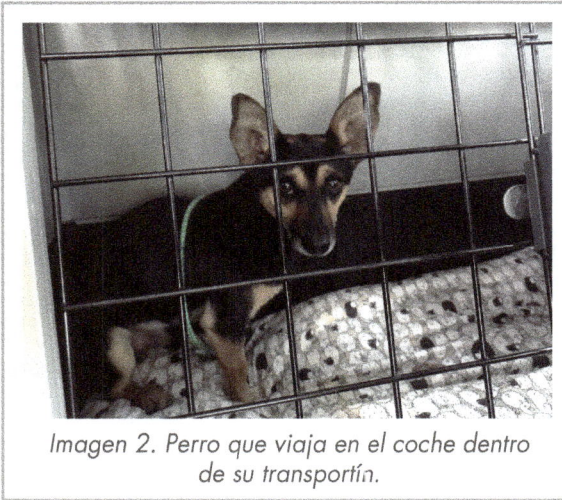
Imagen 2. Perro que viaja en el coche dentro de su transportín.

Se realizan *crash-test* para comprobar y demostrar la seguridad de los diferentes sistemas, siendo el peor llevar al perro encima de la bandeja trasera del maletero.

En el caso del avión o el tren, existen normativas específicas y, sobre todo teniendo en cuenta el peso, podrán viajar en un lugar u otro o no estará permitido hacerlo.

Pero claro, esto no es todo ni es tan fácil. Ya sabes que en el mundo de "no pasarlo mal" se necesita habituar al perro para que las situaciones nuevas no le resulten tan estresantes. Así que en este caso lo haremos con el transportín y el coche.

Puede ser que tu perro ya haya viajado en coche y este le haya creado un problema porque lo pasó mal. En ese caso tendrá que pasar por un tratamiento específico que se llama desensibilización, planteado por un etólogo veterinario y ejecutado por un educador canino.

Habituar a tu perro al coche no significa montarlo en el coche y conducir varias veces seguidas y ya está, sino que habrá que ir haciendo cada paso de manera progresiva hasta que puedas llegar a poner el coche en marcha y conducir un tramo de tiempo considerable. Si, además, todo el proceso se lo vas asociando con estímulos agradables para é (comida, caricias o juguete), estarás practicando condicionamiento clásico y así aumentarás las emociones positivas. Y si le haces buscar, sentarse, tumbarse o dar la pata, que es condicionamiento operante, lo tendrás más atento, relajado y disfrutando. Por supuesto, para ello necesitas ayuda, no pretendas conducir y hacer estos ejercicios a la vez, sería muy peligroso y poco útil.

Los pasos serían:

- Primero: habituación al transportín (ver capítulo anterior).
- Coche parado: entrar y salir.
- Coche parado: entrar, permanecer y salir.
- Coche parado con motor en marcha: entrar, permanecer y salir.
- Coche en movimiento unos metros.

- Mover el coche pequeños trayectos.
- Coche en movimiento largos trayectos.

Por último, para evitar los vómitos es recomendable no alimentar al perro antes de viajar. Si das un paseo largo y relajado con tu perro previamente, seguro que lo llevará mejor. Durante el viaje, para cada 2 horas y baja al perro para que mueva los músculos. Y al llegar, ten cuidado con la salida del vehículo y dale otro paseo dejándolo explorar y olfatear. La feromonoterapia ayudará a tu perro a combatir el estrés y a aprender con más rapidez.

CAPÍTULO 27

MI PERRO NO TIENE AMIGOS

Si observas a los propietarios y a los perros cuando vas paseando por la calle, te encontrarás muy a menudo con aquellos que se cambian de acera o se dan la vuelta para no cruzarse con otro perro o con personas, o lo que es peor, con los que dan tirones de correa a sus perros o los arrastran con tal de que no se les acerque otro perro. También sufrirás las reacciones de perros que, cuando pasan al lado del tuyo, se abalanzan hacia él ladrando y con la intención de morder, en algunos casos.

Tener un perro reactivo es un mal generalizado hoy en día. Casi todas las semanas nos llama alguien que tiene ese problema en mayor o menor medida. Seguro que mientras lees te estás sintiendo identificado. Pero lo peor es que hay muchos propietarios que no intentan solucionar el problema, bien porque no les molesta o porque no piensan que sea necesario o posible.

Bien, pero ¿qué es un perro reactivo? Es aquél que cuando le colocas la correa comienza a comportarse de manera incontrolable en presencia de ciertos estímulos (otros perros, personas, motos, bicicletas, etc.) (Img.1).

Imagen 1. Perra que manifiesta síntomas de reactividad frente a otros perros.

¿Por qué se comporta así un perro? Bueno, las causas pueden ser variadas:

- Defecto en la socialización temprana.
- Miedos y fobias.
- Ansiedad.
- Educación inconsistente o basada en castigos.

- Excitación excesiva.

- Deseos de saludar.

- Juego.

- Otras.

Pero, sea por uno u otro motivo subyacente, lo que quiere básicamente el perro es, o bien alejarse del estímulo que considera amenazante o bien acercarse para mantener un contacto social.

¿Un perro reactivo es un perro agresivo? ¡Rotundamente no! Pero, desgraciadamente, se confunde una cosa con la otra, crees que un perro que reacciona así te quiere morder. Otra cosa sería que este perro aprendiera que mordiendo la amenaza se aleja, lo que constituye un refuerzo negativo que haría que la conducta se repitiera; o que cuando se acerca la persona lo acaricia, lo que constituiría un refuerzo positivo.

El mayor problema con estos perros es que sus dueños no entienden lo que el perro quiere, y como frecuentemente se malinterpretan sus pretensiones, comienzan a probar opciones: castigarlo tirando de la correa, tranquilizarlo cuando ocurre, someterlo, asumir que el perro es así y no hacer nada, probar distintos métodos. Ninguna de estas opciones trata realmente el problema de base porque, o bien refuerza el comportamiento, o bien le crea al perro más estrés y ansiedad.

¿Cómo puedes actuar entonces? Bueno, lo primero, por supuesto, sería obtener un diagnóstico de un especialista. Aunque aquí expongamos resumida y superficialmente el tema, cada caso requiere un análisis particular y una aplicación asesorada del tratamiento correspondiente.

Como hemos dicho más arriba, al perro le supone una amenaza un estímulo determinado y quiere alejarse de él o acercarse de manera poco controlada. Tienes que entender esto y no intentar someter al perro al máximo nivel de estimulación pretendiendo que se acostumbre. Además, seguirás estos pasos:

- Lo primero que tienes que hacer es dejar de someter al perro durante un tiempo al estímulo en cuestión.

- Mientras, trabajarás varias conductas bajo señal de manera relajada y con refuerzo positivo.

- Someterás a tu perro a una rutina de ejercicio físico y mental, para conseguir un estado general de homeostasis.

- Si es necesario, positivarás el uso del bozal.

- Por supuesto, harás todo esto de manera positiva y consistente.

- Una vez conseguidos estos pasos, y siempre bajo la premisa de la privacidad del estímulo desencadenante, comenzarás a introducir en el paseo el estímulo en cuestión, por supuesto a una distancia que tu perro tolere, es decir, por debajo del umbral de activación.

- Cuando detectes el estímulo, comenzarás a distraer al perro con comida o juego y palabras agradables o practicando conductas bajo señal de manera relajada (Img. 2).

- Cuando el estímulo haya pasado y estés a una distancia prudencial, tu perro ya habrá conseguido lo que quería: alejarse del estímulo; y tú también: que no ladre ni salte hacia él. Por lo tanto, aquí paras y le das el premio gordo (comida, caricias, fiesta).

- En el caso de que la motivación sea acercarse para saludar o jugar, harás el mismo trabajo y el refuerzo positivo final será dejarlo que salude.

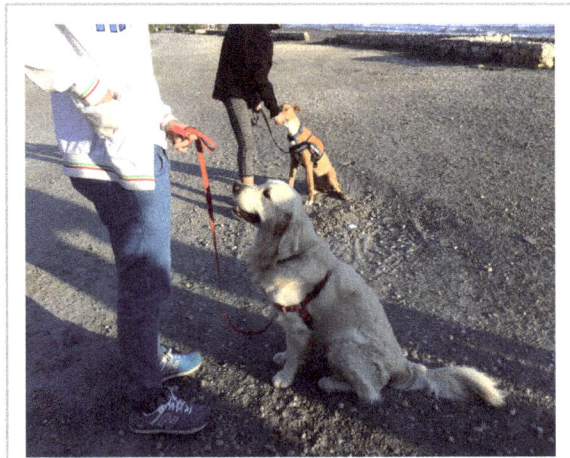

Imagen 2. Desensibilización y contracondicionamiento operante del caso del golden frente a otros perros.

Este procedimiento se llama desensibilización y contracondicionamiento operante y es un trabajo de mucho tiempo. Por supuesto, mientras lo estás llevando a cabo, el perro no debe enfrentarse al estímulo en toda su magnitud, o darás de nuevo pasos hacia atrás.

Si practicas este ejercicio todos los días, podrás ir reduciendo cada vez más la distancia al estímulo, muy gradualmente, de manera que puedas llegar a estar muy cerca sin que haya reacción.

Pero recuerda: esto es solo una aproximación general. Recomendamos siempre que cada caso debe ser analizado individualmente por un especialista veterinario en comportamiento y un educador canino.

CAPÍTULO 28

HABITUACIÓN AL BOZAL

Aunque es un elemento que no es agradable para muchos propietarios y sus perros, el bozal es necesario. Ya sea por cumplir la normativa o por otros motivos en los que también es aconsejable (seguridad en las exploraciones en el veterinario, perros con alta capacidad exploratoria que se lo comen todo, perros con un problema de pica, perros que tienen un problema de agresividad hacia personas u otros animales, imperativo legal, etc.), al final el bozal es una herramienta útil, sobre todo si se utiliza el adecuado y de la manera correcta.

Por un lado, quiero adelantarte que no todos los bozales son seguros ni adecuados para el bienestar del animal. Se debe adquirir uno que cumpla estos requisitos y, si tienes que gastarte un poco más de dinero, al menos sabrás que te durará más y que tu perro estará cómodo. Tu perro debe llevar el bozal como tú llevas las gafas de sol.

Las reglas básicas para un bozal aceptable son:

- Que sea un bozal fuerte y seguro.
- Que quede holgado, el perro debe poder abrir la boca con un ángulo al menos de veinte grados.
- Que se pueda moldear al tamaño y forma del hocico del perro.
- Que le permita jadear y además se le pueda dar de comer y de beber mientras lo lleva.

Los bozales de nylon permiten que se acumule la saliva del perro cuando este jadea entre la mandíbula inferior y el bozal, lo que puede producir dermatitis localizadas e infecciones. Y si dejamos que el animal abra lo suficiente la boca para jadear, entonces podrá morder y coger cosas del suelo, ya que van abiertos por delante. Además, son poco seguros.

Los bozales típicos de cesta suelen quedar apretados por alguno de los lados, no siendo cómodos para el perro y tampoco son lo suficiente holgados como para que pueda jadear, con el consiguiente compromiso de la respiración y contribución a un posible golpe de calor.

Y cuando hemos adquirido el bozal adecuado, ¿cómo lo hacemos? ¿Se lo colocamos y ya está? Seguro que has visto muchas veces que, al colocarle el bozal, el perro comienza a restregarse con todo, a intentar quitárselo empujando con las patas o que se queda inmovilizado por tener colocado ese elemento extraño en su cuerpo. Y probablemente la segunda vez que tengamos que colocárselo se esconderá debajo de una mesa e incluso te gruñirá.

¿Puedes hacer que el bozal sea para el perro algo positivo y agradable? Eso es lo que debes intentar. El proceso para conseguirlo combina varias técnicas de aprendizaje:

- Habituación: siempre que se presenta el bozal en escena no pasa nada negativo.

- Asociación positiva: siempre que se presenta el bozal en escena ocurre algo bueno: comida, paseo, juego, caricias (Img.1).

- Condicionamiento operante: cada vez que el perro introduce el hocico en el bozal recibe algo bueno.

Es sencillo, aunque como todo lo que se quiere hacer bien, hay que dedicarle tiempo y, por supuesto, nunca utilizarlo de manera negativa ni relacionado con nada negativo.

Estas son las fases del proceso que debes realizar para que tu perro esté cómodo con esta herramienta:

Imagen 1. Bozal recomendado y comida para la asociación.

- 1ª fase: enseñas al perro el bozal e inmediatamente le das un pequeño trocito de comida, retiras el bozal y la comida. Repetir muchas veces al cabo del día durante varios días.

- 2ª fase: conseguir que él quiera meter la cabeza (Img.2). Pones comida untada en el fondo del bozal y se lo enseñas (Img.3). Si mete la cabeza genial, si no, no le obligas. También lo puedes hacer ofreciéndole comida desde el fondo del bozal por los agujeros (Img.4). Repeticiones al igual que en el punto anterior.

- 2ª fase, 2ª parte: introducir señal (palabra) para que meta la cabeza: se le dice una palabra antes de que introduzca el hocico en el bozal por sí mismo. Repeticiones de nuevo.

- 3ª fase: empiezas a atar la parte de atrás rápidamente mientras come la comida, desatas rápido y quitas el bozal. Repeticiones otra vez.

- 4ª fase: lo dejas puesto de menos a más tiempo mientras se distrae con comida o juego. Siempre sin que llegue a intentar quitárselo. Repetir lo necesario.

Por último, me gustaría decirte que nunca, bajo ningún concepto, dejes a tu perro solo en casa con el bozal puesto, ya que pueden ocurrir accidentes peligrosos para él.

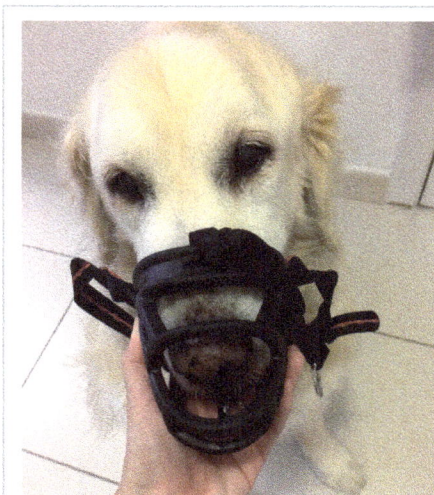
Imagen 2. El perro ha metido la cabeza para coger la comida.

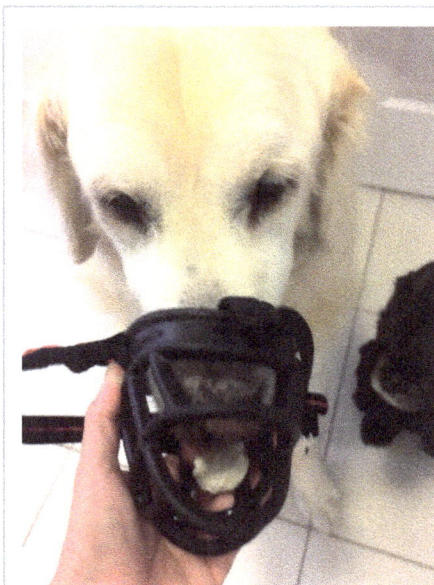
Imagen 3. Observa cómo en el fondo del bozal hay queso untable.

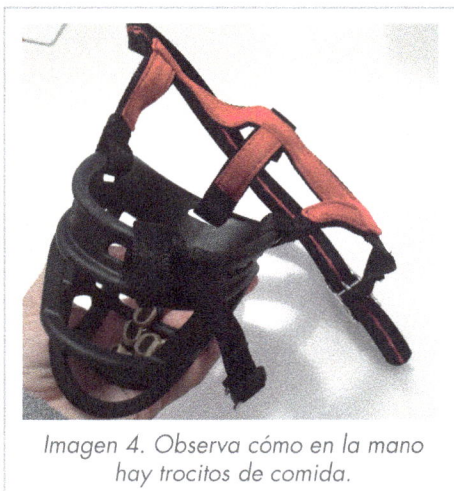
Imagen 4. Observa cómo en la mano hay trocitos de comida.

CAPÍTULO 29

EL PARQUE CANINO

Los parques caninos son entornos acotados creados para satisfacer las necesidades de la especie canina en cuanto a enriquecimiento físico, ambiental y social.

Esta sería una definición teórica, pero lamentablemente no es lo que nos encontramos en la práctica. Un parque canino debería estar diseñado contando con el asesoramiento de especialistas en comportamiento, aunque en la actualidad no es lo que impera. En resumen, un parque canino debería construirse en función de las necesidades de los perros y asesorados por profesionales que conozcan su comportamiento científicamente.

Por otro lado, está muy extendida la creencia de que llevar a un perro a un parque canino es bueno para que se socialice. Como te contamos en el capítulo 13, el periodo de socialización tiene un principio y un fin, y debe llevarse a cabo con la regla de la habituación, mediante exposiciones controladas a estímulos diversos sin consecuencias negativas.

Lo que podemos ver habitualmente en los parques caninos es más bien inundación o saturación, sensibilización y condicionamiento negativo, determinados por experiencias que no son nada recomendables para el aprendizaje y el bienestar del animal.

¿Por qué un parque canino?

La primera razón es muy simple: los perros viven desde hace miles de años con el humano para satisfacer sus necesidades de una u otra manera con distintas tareas: guarda, protección, caza, etc. Actualmente, el más extendido de esos trabajos es la compañía. El perro nos acompaña, nos da cariño, nos consuela y, en muchos casos, nos sirve de sparring para nuestros altibajos emocionales. Es evidente que forma parte de la sociedad moderna y, en su mayor medida, de nuestras familias.

Derivado de este motivo, debemos satisfacer sus necesidades. El ser humano es egoísta, sí, pero el perro forma parte de nuestra familia, no es ni un juguete ni un jarrón.

Todos sabemos que el perro necesita compañía, ya que es un animal social. Por tanto, es necesario que se reacione con sus congéneres, pero también con individuos de otras especies. También necesita que les proporcionemos experiencias distintas, en entornos diferentes y variados. Además, tiene que aprender a hacer sus necesidades en algún sitio. También debería disponer de un sitio donde podamos dejarlos sueltos para que hagan ejercicio. Y, por último, el juego. Un perro que juega es un perro más cercano al equilibrio. Del juego se aprenden todas las conductas sociales, además de los patrones motores.

Yendo con tu perro atado por la calle, no puedes darle lo que necesita. No todo el mundo tiene perro, ni lo necesita, ni le gusta. Por tanto, es mejor disponer de un recinto donde reunirse.

El comportamiento que tendrá tu perro es el fruto de la interacción compleja entre genes y medio ambiente. Parte del ambiente es la educación y la socialización, y pueden mejorar mucho los comportamientos menos deseados. Si un perro no se socializa adecuadamente, no podrá convivir en armonía en la sociedad.

Pero ten cuidado porque no todo esto lo vas a poder obtener en un parque canino, al menos de los que existen en nuestro país, ya que la mayoría se han construido sin asesoramiento cualificado, están masificados, no existe control alguno de la conducta de los perros y de sus propietarios, el mantenimiento de las instalaciones y de la limpieza brilla por su ausencia y algunas instalaciones pueden resultar peligrosas y poco seguras.

Por otro lado, cuando entres con tu perro en un parque canino, tendrás a muchos perros queriendo saludar al tuyo, no siempre de manera educada, lo que puede significar que tu perro adquiera un condicionamiento negativo con respecto a sus congéneres que puede dejar huella en su comportamiento futuro.

Un parque canino debería ser un sitio seguro y estimulante para que un perro sano y equilibrado pudiera correr, jugar y relacionarse. Pero esa no es la realidad: ni los parques caninos son seguros, ni los perros son equilibrados. Por eso, no te recomendamos que vayas a un parque canino a socializar a tu perro

CAPÍTULO 30

LA ESCALERA DE LA AGRESIÓN

¿Te sorprenderías si te digo que el gruñido de tu perro es tu amigo, como él? ¿El hecho de que un perro muerda significa que sea agresivo? Dos preguntas intrigantes ¿verdad?

La agresividad, entendida como gruñido, mordedura, elevación del labio superior es una señal de comunicación normal. Te lo explico: cuando un perro está molesto con algo o con alguna situación emite una serie de señales, y una de ellas puede ser la agresividad. Imagínate un perro que está tranquilamente en su cama y una persona se acerca para acariciarlo. Si lo que va a ocurrir no le agrada, emitirá una serie de señales, entre ellas probablemente la elevación del labio superior y a lo mejor el gruñido. Pero la persona no respeta esas señales, porque no las ve, no las entiende o simplemente no le importa, y sigue avanzando hacia el animal. Lo que ocurre al final te lo puedes imaginar. Y ahora te pregunto: ¿crees que esa mordedura no ha tenido aviso previo? Lo ha tenido, pero no ha sido advertido por el propietario.

Por eso, el gruñido es tu amigo. Si respetas el gruñido, estás respetando el sistema de comunicación del perro. Pero si lo inhibes con castigos, estarás haciendo que el perro tenga que saltarse ese paso y morder sin avisar la siguiente vez que ocurra la misma situación o una similar.

Algo como esto es lo que ocurre diariamente en nuestras casas. Errores en la comunicación entre perro y dueño que llevan a interpretaciones confusas de los propietarios como: "mi perro es agresivo", "me ha mordido sin motivo", "mi perro muerde sin aviso". Son interpretaciones irreales e incorrectas y que no obedecen a un diagnóstico concreto.

Existen 3 circunferencias concéntricas virtuales que representan el espacio personal de nuestro perro. Se pueden interpretar de la misma manera para las personas. La exterior es la distancia de huida, la de en medio es la distancia crítica y la del centro es la distancia íntima. Si tenemos el perro del ejemplo anterior y la persona se aproxima hacia la distancia de huida, el perro huirá, si tiene espacio, hasta volver a alcanzar de nuevo la distancia de seguridad con la persona. Pero, si el perro no tiene espacio o está atado con la correa y la persona se aproxima cruzando las 3 circunferencias, el perro morderá cuando esta llegue a la distancia íntima. Esto es lo que ocurre cuando nuestro perro está en su camita descansando, cuando se arrincona buscando refugio o cuando lo llevamos con la correa. Él estará emitiendo señales durante todo el recorrido que hace la persona hasta alcanzarlo. Y esas señales están para que se interpreten y se actúe en consecuencia. Si no se hace, se habrá llegado a un punto de no comunicación con el animal, que lo que quiere por todos los medios es evitar que la mordida final ocurra.

Esta es la escalera de la agresión: todas las señales que un perro normalmente emitiría antes de llegar a morder (Img.1). Intenta buscarlas observando a tu perro o a otros.

La siguiente pregunta es: "¿y entonces, qué hago cuando mi perro gruña?" Pues trata de buscar lo que le ha molestado e intenta modificarlo mediante técnicas adecuadas, siempre en positivo, claro. Mientras, evita esas situaciones en las que tu perro se siente molesto, incómodo o dolorido para que esa sensación y esa conducta no se repitan, para que no siga escalando peldaños. Para ello, quizás tengas que contactar con un profesional o a lo mejor basta con pasar unos días reforzando el vínculo con tu perro (recuerda: juego, paseo y comida).

Y, como siempre decimos, por favor, no apliques esto a todos los casos. Cada caso requiere un diagnóstico individual que tendrá que llevar a cabo un especialista.

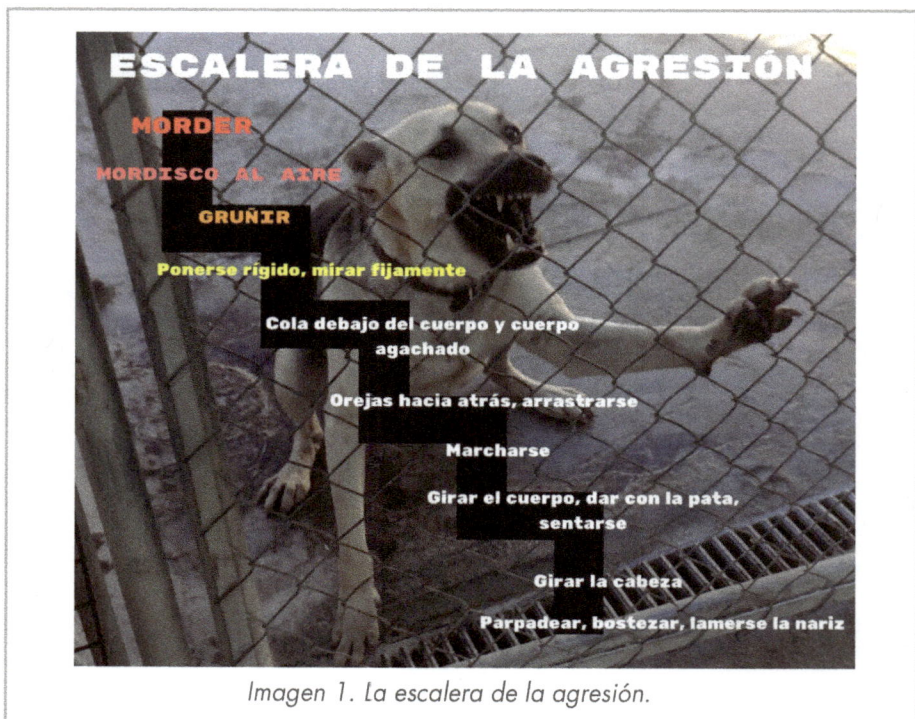

Imagen 1. La escalera de la agresión.

CAPÍTULO 31

LA IMPORTANCIA DEL DESCANSO

Los perros muestran una variedad de comportamientos de descanso, incluyendo la postura de sentarse, acostarse permaneciendo alerta, sueño de onda lenta y sueño REM (*rapid eye movement*).

En la postura usada para sentarse, el perro descansa sobre el periné y las tuberosidades isquiáticas. En esta postura las piernas miran normalmente hacia delante, dependiendo un poco de la conformación física de la raza.

Cuando el perro está tumbado, normalmente usa una de cuatro posturas.

La más usada, cuando hay una situación cualquiera en la que el perro debe estar alerta, es la de tumbado sobre el esternón, que podría llamarse decúbito prono o tumbado esternal. En esta posición, el cuerpo descansa sobre el esternón y, tanto este como los codos flexionados están en contacto con el suelo. De esta manera, el perro tiene más disposición a levantarse rápidamente si hay algo que le estimula, le llama la atención o le alerta.

Otra variación del tumbado esternal sería la misma posición delantera, pero con las patas traseras totalmente estiradas hacia atrás de manera que su zona abdominal e inguinal tocan el suelo. Esta postura es muy común en cachorros que la aprenden de sus madres y en momentos en los que la temperatura exterior es extrema, pudiendo refrigerarse por la zona ventral del cuerpo.

En la posición de tumbado lateral el perro descansa con uno de los dos flancos sobre el suelo. Esta postura permite una completa relajación que facilita el sueño profundo. Sin embargo, la postura de tumbado más usada es la combinación de tumbado esternal con tumbado lateral. El tren delantero permanecería sobre el esternón y el trasero sobre el lateral del fémur. Es una postura de tumbado más relajado y no tan alerta, aunque ese estado de alerta ante posibles estímulos permanece.

Una postura que no es tan frecuente en adultos, y sí lo es más en cachorros, es la de decúbito supino o tumbado sobre la espalda. La utilizan también para refrigerarse a través de la zona ventral.

Normalmente, y cuando el propietario está en casa, el perro prefiere descansar junto a él. Esto es debido primordialmente a que el perro es un animal social y lo que menos le agrada es estar solo. También dependerá mucho del clima en el que nos encontremos, de la raza y de la estación del año. Si el animal necesita estar fresquito, buscará el lugar de la casa donde exista una pequeña corriente de aire o donde pueda estar pegado al suelo o algún objeto pueda proporcionarle esta sensación.

Si no tiene calor, y es un animal al que no le hemos destinado un sitio para dormir, es probable que lo haga en la cama del propietario o en el sofá (Img. 1). Si el perro prefiere dormir en alto, puede ser porque quiere dominar el horizonte y estar más preparado para reaccionar en cualquier situación o simplemente porque está más blandito o quiere estar junto a su dueño. Los animales no tienen un plan oculto para dominarnos subiéndose a nuestros sofás y camas. Los perros ancianos tienden a buscar estos lugares, si pueden acceder, porque sus articulaciones sufren menos y están más cómodos. En este sentido, puede ser una buena idea facilitarles el acceso mediante unos peldaños.

Imagen 1. Perros y gatos descansando juntos en un sofá permitido.

Desde que un cachorro nace hasta que alcanza su madurez, ocurren cambios en sus patrones de sueño que adaptan su organismo hacia el etograma de adulto. Alrededor del nacimiento, los cachorros alternan patrones de sueño profundo y despertar. En este periodo neonatal, que dura dos semanas, el tipo de sueño que se observa es de tipo REM. Durante la tercera semana, o periodo de transición, podemos observar ya una alternancia entre los patrones de onda lenta y REM. El tiempo que los cachorros pasan despiertos va aumentando mientras decrece el tiempo de sueño profundo (Img. 2).

Imagen 2. Cachorros de un mes de edad durmiendo juntos.

A partir de las 4 semanas de vida, ya en el periodo de socialización, los cachorros permanecen alerta más del 50% del tiempo. Poco a poco, y hasta las 8 semanas, los patrones de sueño se asemejan más a los de un adulto.

Los patrones de sueño en los perros adultos variarán según el fotoperiodo, la actividad vital que el perro desarrolle y la familiaridad con el entorno. Los perros adultos pasan de estar despiertos a un estado de somnolencia, luego al patrón de onda lenta y después al de sueño REM. De aquí otra vez al de onda lenta o de nuevo a la vigilia.

Los perros tienen un promedio de 23 episodios de dormir-despertar cada hora durante un periodo de 8 horas. Cada episodio consta de un rato de sueño de entre 5 y 16 minutos seguido de un despertar de unos 5 minutos.

En las 24 horas el perro pasa un promedio de 9,67 horas en sueño de onda lenta y unas 3,24 horas en sueño profundo.

En resumen, un perro normal pasa un 44-48% de su tiempo despierto, un 19-21% en situación de somnolencia, un 22-23% en sueño de onda lenta y un 10-12% en fase REM. Es decir, 50% vigilia y 50% sueño, sea este más o menos profundo. Por supuesto, esto depende de la vida que lleven propietario y perro.

Los humanos son más fácilmente despertados del sueño REM que del sueño de onda lenta, y se piensa que en perros ocurre de la misma manera.

Lo que está muy claro es que, si queremos evitar riesgos innecesarios, no debemos despertar bruscamente a nuestro perro de su sueño, ya que puede tener una reacción agresiva, que puede ser peligrosa sobre todo si hay niños presentes. Asimismo, el hecho de que un animal sea privado del sueño crónicamente, puede desembocar en estrés y enfermedad grave, al igual que ocurre en humanos. De hecho, el sueño está destinado a reordenar los sucesos del día y al procesamiento de datos y consolidación de la memoria. De ahí la importancia de un descanso correcto.

En resumen, desde la etapa de cachorro hasta su madurez, se debe proporcionar al perro la posibilidad de un descanso tranquilo y cómodo, ya que mejorará su bienestar y calidad de vida al mismo tiempo que la convivencia con su dueño (Img. 3).

Imagen 3. Cachorro de un mes y medio de edad descansando en una cama mullida.

CAPÍTULO 32

¿CUÁNDO VA A DEJAR DE DAR VUELTAS?

Desde el punto de vista médico, los trastornos o conductas compulsivas son secuencias de movimientos invariables, repetidas y sin ninguna función aparente. Surgen a partir de patrones de comportamiento normales (acicalamiento, locomoción, alimentación, caza, agresividad) pero se manifiestan de forma exagerada, fuera de contexto e interfiriendo con la vida normal del animal.

Esta definición es complicada de entender y quizás con un ejemplo se ilustra mejor. ¿Has visto alguna vez a tu perro dar vueltas sobre sí mismo, intentar cazar su propia cola, lamer el aire, perseguir sombras, chupar repetidamente una zona de su cuerpo o andar en círculos? Todos estos son comportamientos compulsivos.

Estos trastornos se asemejan a los trastornos obsesivo-compulsivos de medicina humana, aunque en los animales no se ha podido demostrar que exista ese componente de obsesión. Ejemplos de trastornos compulsivos en humanos los tenemos en la necesidad de una higiene o un orden exagerado, comprobar repetidamente que se ha hecho algo como apagar las luces o cerrar la puerta, repetir una y otra vez determinadas frases, etc. Los más frecuentes en el perro son los siguientes:

- *Tailchasing* (persecución de la cola).
- *Circling* (dar vueltas en círculos).
- Dermatitis acral por lamido.
- Cazar moscas imaginarias.
- Perseguir luces y sombras (Imgs.1, 2 y 3).
- Succión del flanco.
- Pica (ingestión de objetos no comestibles).
- Lamido de objetos o del aire.

Como todos los problemas de comportamiento, los trastor-

Imagen 1. Perro que persigue sombras en el suelo.

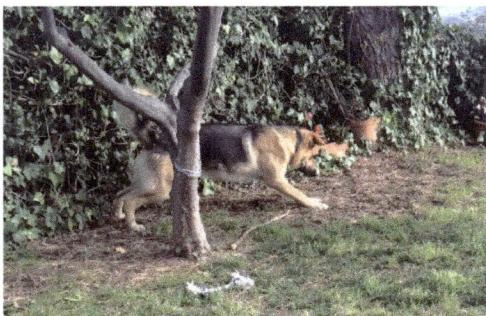

Imagen 2. Perro de la imagen 1 dando caza a una sombra.

Imagen 3. Perro de la imagen 1 observando si la sombra aparece de nuevo.

nos compulsivos pueden tener un origen orgánico. Los problemas neurológicos, dermatológicos o el dolor se encuentran entre los posibles. Y no es tan infrecuente como te pueda parecer, por lo que siempre hay que descartarlo con el veterinario.

Conductualmente hablando, lo más usual es que un trastorno compulsivo esté causado por una situación de estrés, conflicto o frustración. En una palabra: una situación repetida sobre la que el animal no tenga control o no sepa qué hacer. En este momento se origina una conducta distinta que da salida al problema del animal y que, como hemos mencionado al principio, tiene su origen en una secuencia de comportamiento normal en la especie, como escarbar, dar vueltas sobre sí mismo o cazar. Esta conducta se denomina conducta de desplazamiento. Por lo tanto, la próxima vez que ese individuo se encuentre en una situación similar, elegirá esc conducta rápidamente y así se va perpetuando y generalizando hasta el punto incluso de emanciparse, es decir, de utilizarse en cualquier momento sin tener relación con la situación que la desencadenó, convirtiéndose en una verdadera conducta compulsiva.

En la aparición de los trastornos compulsivos existe un fuerte componente genético, siendo frecuente diagnosticar casos en miembros de la misma familia (tanto en humanos como animales).

Otro factor externo que hace que una conducta de este tipo se repita es el refuerzo voluntario o inadvertido del propietario. Puede que este intente tranquilizar al animal o incluso regañarle, con lo que presta atención al animal en ese justo momento. También es muy frecuente que le haga reír, con lo cual el perro advierte que a su dueño le agrada.

Asimismo, la falta de enriquecimiento ambiental (animales que carecen de estimulación, tanto física como cognitiva y social) y de previsibilidad del entorno (aquellos a los que les falta consistencia y coherencia en su educación) son factores causantes y contribuyentes de estos trastornos.

Una socialización adecuada, ejercicio físico y mental, exposición a distintos ambientes y situaciones y educación asesorada por un especialista son formas de prevenir estas conductas. Y, sobre todo, saber actuar a tiempo cuando se presenten acudiendo a un especialista en conducta, ya que el tiempo que llevan manifestándose es un factor en contra en el tratamiento.

Si la causa es conductual, las medidas de tratamiento serán, como siempre, multimodales, pasando de manera imprescindible por medidas de enriquecimiento ambiental, reducción del estrés e interrupción del refuerzo de la conducta.

CAPÍTULO 33

¿EXPERIENCIAS POSITIVAS EN EL VETERINARIO?

Es esto posible? ¿Cómo conseguirlo? Con el llamado *low stress handling* (manejo de bajo estrés). El *low stress handling* es la clave para el bienestar de tu perro en el veterinario.

Frecuentemente pensamos que nuestro perro está bien cuando va al veterinario, pero si observamos detenidamente su lenguaje corporal y lo sabemos interpretar, comprobaremos que esa afirmación dista mucho de la realidad. Lo habitual es que los animales muestren miedo. Que un perro no se mueva cuando le pinchan, suele ser porque está inhibido por el miedo, no porque se porte muy bien.

Como veterinarios, tenemos la obligación de velar por el bienestar del animal y esto debe extenderse a todos los aspectos, incluidas las visitas, las consultas, la hospitalización, la sala de espera o la peluquería. El movimiento de *low stress handling* fue iniciado y promovido por la Dra. Sophia Yin, veterinaria y etóloga clínica.

Cuando un perro está contento en el veterinario lo veremos con un movimiento fluido, moviendo ampliamente rabo y cuartos traseros, con gestos apaciguadores de acercamiento, acercándose voluntariamente al personal, músculos del cuerpo y de la cara relajados y aceptando comida.

Si el perro hace gestos de evitación, huida y busca de refugio, no se acerca voluntariamente a nadie, no coge comida, está tenso, el rabo bajo o entre las piernas, se inhibe o congela o muestra agresividad, significa claramente que la visita le está resultando muy amenazante y que deberíamos hacer algo para mejorarlo. Identificar los primeros signos de miedo o ansiedad nos permite implementar estrategias para mejorar la situación.

Para estar completamente informados de lo que está percibiendo el perro, se debe evaluar su lenguaje en cada estancia de la clínica, cuando cambia de una a otra y con cada interacción y procedimiento que se le realiza.

Además, antes, durante y después de todos estos cambios de ambiente e interacciones se le debe administrar al perro comida. Si percibimos que el lenguaje cambia a más tensión o más miedo, se le administrará comida más rápido o un alimento de mayor valor. El objetivo es fomentar una asociación positiva con todos los

Imagen 1. Este perro está experimentando una asociación positiva con la consulta el primer día de visita.

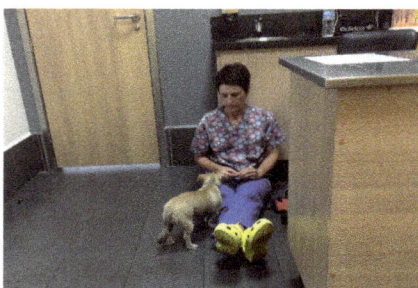

Imagen 2. En la imagen permanezco sentada en el suelo para promover el acercamiento de este perrito que tiene miedo a la consulta, a la vez que le doy comida para cambiar su percepción.

Imagen 3. Lanzando la comida desde lejos para respetar su espacio mientras hablo con los propietarios.

estímulos que intervienen cambiando el estado emocional del paciente (condicionamiento clásico) (Imgs. 1 a 3).

Si un perro no coge comida, significará que su bienestar está afectado en un nivel alto (miedo o estrés) o bien que necesitamos algo de más valor para que pueda superar ese estado (Img.4). También es importante evaluar de qué manera acepta la comida, si come muy ansioso, coge la comida con mayor intensidad o mordiendo, para sumar esta información a la valoración del lenguaje.

En ocasiones, habrá que parar el procedimiento y dar un descanso al perro para seguir, antes de que su estado pueda llegar a ser agresivo, o bien aplazarlo para otro día. Esto dependerá de que sea estrictamente necesario llevarlo a cabo o pueda esperarse hasta haberlo trabajado o practicado con tiempo (desensibilización y contracondicionamiento).

Sabemos que la salud mental es tan importante como la física y que se influyen mutuamente. Por lo tanto, siempre será mejor tener un paciente contento y colaborador que uno con miedo, ansiedad o agresividad. Esto no solo es importante para el paciente, sino para el personal de la clínica, que desarrollará su trabajo de mayor agrado y con una mayor empatía, así como para el propietario.

Si el procedimiento es una necesidad y el paciente está pasándolo muy mal, utilizaremos fármacos ansiolíticos que faciliten el manejo y disminuyan la percepción aversiva. Antes de irse a casa, se puede recuperar la percepción positiva del perro mediante la administración de comida. Esto también puede hacerse entre un procedimiento y otro.

Es muy positivo hacer un trabajo de asociación positiva con la clínica y su personal cuando no es necesario llevar a cabo ningún tratamiento, de manera que el perro no pierda el aprendizaje y este se haga más potente y duradero. Simplemente pasar por allí durante el paseo habitual, entrar un rato y jugar o entregar comida o practicar algunos sencillos ejercicios de obediencia o habilidades en su interior. Además, se puede trabajar en casa escenificando diferentes procedimientos con desensibilización y contracondicionamiento, es decir, graduando el nivel de exposición al estímulo amenazante de menos a más y distrayendo al perro con otra actividad o estímulo (juego o comida, por ejemplo).

Imagen 4. Se coloca comida en la mesa para provocar que el perro esté cómodo en ella.

Desde el preciso momento en que se detecte que un perro (cachorro o adulto) no lo está pasando bien en la clínica, hay que ponerse en manos de un especialista para que pueda asesorarnos y ponernos en el buen camino. Hay que tener en cuenta que el perro necesitará acudir al veterinario al menos una o dos veces al año. No se debe caer en la errónea interpretación de que un perro que gruñe o muerde en el veterinario está intentando mostrar dominancia, ya que frecuentemente estas conductas son debidas al miedo. Y, por supuesto, el castigo está totalmente contraindicado en el manejo.

Las feromonas pueden ayudar a favorecer un ambiente menos estresante para el perro. Colocadas en los distintos espacios de la clínica (consulta, sala de espera, hospitalización), rociadas en la mesa de exploración, en el trasportín del perro, en un pañuelo que colocamos en su cuello o en collar.

Un poco de dedicación y trabajo hará que nuestro perro acuda sin miedo a su veterinario y este y su personal tengan una relación agradable y empática con el cliente, así como un buen ambiente de trabajo.

CAPÍTULO 34

LOS PERROS Y LOS NIÑOS

Muchos de vosotros habéis sufrido algunas de las temidas preguntas: "y cuando llegue el bebé, ¿qué vas a hacer con el perro?", "uy, ten cuidado que seguro que se vuelve celoso", "a ver si va a atacar al bebé cuando esté en la cuna".

Bueno, son debates populares que algunas veces crean más perjuicio que beneficio. Por supuesto, lo mejor si tienes dudas es visitar a un especialista. Realmente no es complicada la introducción de un bebé en casas con mascotas, pero sí que hay cuidar ciertos aspectos.

Como sabes, porque lo hemos hablado en el capítulo 13, en la vida del perro hay un período esencial que se llama periodo de socialización. En el caso del perro, este abarca desde la 3ª hasta la 12ª semana de vida. Es esencial que en esta época de su vida tenga contacto con todo lo que vaya a formar parte de su vida adulta: calle, tráfico, adultos, ancianos, personas de diferentes razas, niños de distintas edades, otros perros, gatos, otros animales, etc.

Según esto, un animal que no haya tenido contacto nunca con niños en su período de socialización no tiene por qué tolerarlos. Con esto no queremos decir que sea imposible que tu mascota conviva con un niño, pero, si puedes conocer cómo fue esta etapa de su vida, será mejor, dado que te asegurarás de que la convivencia pueda resultar más agradable. De lo contrario, tendrías que trabajar ciertos aspectos para asegurarte de una correcta y armoniosa relación.

En el caso del perro, hay varias cosas que deberás trabajar antes de la llegada del bebé. Una de ellas es hacer su vida lo más predecible posible. Los perros son animales de costumbres. Cuanto más claro tengan qué les va a ocurrir y cuándo, menos ansiedad sufrirán. En una palabra: rutina. Para ello hay que tener muy claro que el perro necesita que le dediques un rato al día: ejercicio adaptado a las necesidades de cada individuo, trabajar la mente, juego, contacto social, alimentación y descanso. Todo esto hay que ofrecérselo al perro aproximadamente a las mismas horas del día y todos los días. Cuanto más estable sea la rutina, más feliz será tu perro. Además de todo, si todas las rutinas que le ofreces o compartes con él

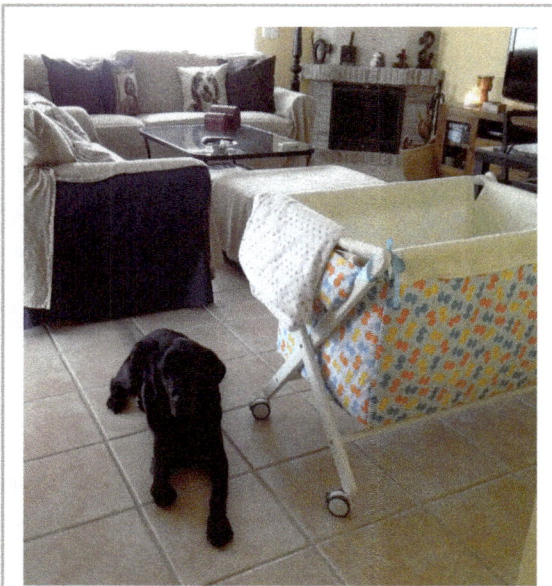

Imagen 1. Colocación de elementos del bebé, como la cuna, en el espacio vital de los perros previo a la llegada del mismo.

se las indicas con una señal invariable, mejor todavía, ya que él podrá relajarse cuando esta señal no esté presente. Por ejemplo: "a la calle", "a dormir", "a tu camita", "a comer", etc.

Si sabes que cuando llegue el bebé no podrás pasear 3 horas diarias con tu perro, como haces hasta ahora, será mejor ir reduciendo poco a poco los paseos (puedes hacer tres paseos de los cuales uno será más largo) para que luego no sea un cambio drástico. También puedes plantearte la posibilidad de contratar un paseador canino.

A la hora de introducir los cambios relativos al bebé, estos deberán ser graduales y siempre permitiendo que el perro esté presente. Cuando montes la habitación del bebé le permitirás entrar en ella, que huela y vaya reconociendo todo lo que vas colocando, e irás premiando toda interacción positiva, ofreciéndole trocitos de comida cuando lo haga. Por ejemplo: se acerca a oler el carrito→ le damos comida (Img.1).

Otra cosa muy importante a la hora de conciliar a niños y perros, es que el perro sepa realizar, al menos, algunas conductas básicas bajo señal que le aporten tranquilidad y relajación. Nos referimos, por ejemplo, a que sepa estar sentado o tumbado y calmado cuando se lo indiques. Para algo tan simple como presentarle el bebé al perro es necesario que el perro permanezca sentado o tumbado y no saltando sobre nosotros y sobre el niño, porque en este caso sí cabe la posibilidad de que, aunque de forma involuntaria, le haga daño. Es muy útil también que sepa caminar al lado, para que cuando queramos pasear con el carrito y el perro no se convierta en una especie de competición de tiro de trineo. Para ello, puedes entrenarlo previamente a la llegada del bebé con el carrito vacío (Img.2).

Si te planteas que haya cambios en casa, por ejemplo, hasta ahora el perro se subía al sofá cuando quería y ahora con el bebé no quieres, debes empezar a enseñárselo antes de que llegue el bebé. Pero siempre hay que proporcionarle al perro una zona segura, no se le puede echar de todas las estancias de la casa. Puedes comprarle una camita y convertirla en su zona segura. Esto se consigue igualmente premiando que el perro se tumbe o se siente en su camita, y siempre tiene que tenerla disponible cerca del núcleo familiar. Puedes situarla en un sitio donde a tu perro le guste mucho estar, pero que sea un lugar tranquilo, que sea seguro, que ahí nadie lo va a molestar. Esto de cara a la multitud de visitas que tendrás en casa los primeros días es francamente útil y necesario. En esa zona puedes ponerle su agua, su comida y sus juguetes favoritos y hay que te-

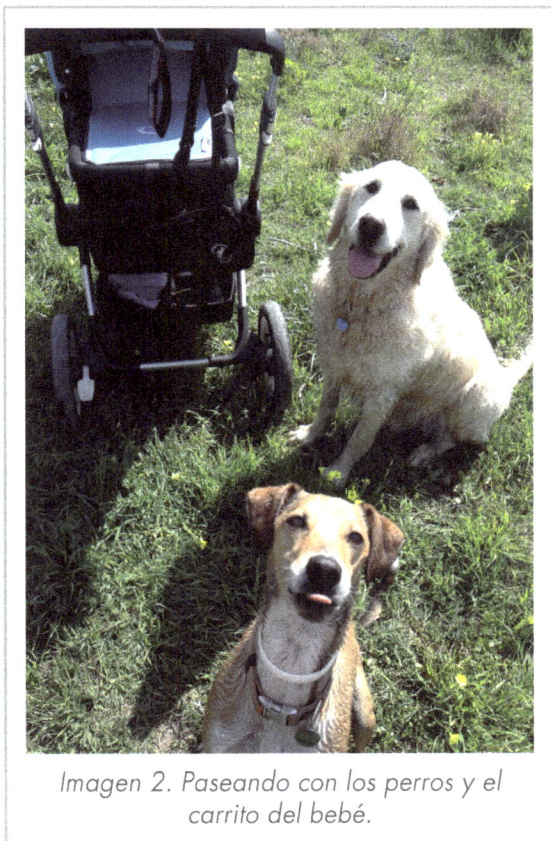

Imagen 2. Paseando con los perros y el carrito del bebé.

ner en cuenta que debe respetarse el descanso del animal. Puedes darle un juguete interactivo relleno de comida cuando vengan visitas. De esta forma, el perro no se sentirá desplazado y lo asociará positivamente.

Muy útil te puede resultar también la utilización de grabaciones de llantos de bebé para habituar al perro a ese sonido. De esta forma te darás cuenta de la reacción de tu perro ante un nuevo y extraño sonido. Hay perros que no le prestan mucha atención, otros hacen movimientos de orientación con las orejas y habrá otros que busquen desesperadamente de dónde viene ese sonido, incluso que se asusten o les cree ansiedad. Puedes ponerle las grabaciones en momentos en los que esté entretenido con algo bueno, mientras le ofreces premios o juegas con él. De esta forma lo asociará también a algo positivo. Si notas que el sonido le pone muy nervioso o excitado, juega con el volumen de la grabación. Primero volumen bajito y, conforme se vaya acostumbrando, lo vas subiendo. También puedes utilizar los juguetes musicales que tengas para el bebé.

Algo que preocupa mucho a los padres es el tema de la higiene. Es importante, pero no hay que obsesionarse. Desde luego, es necesario que el animal esté correctamente desparasitado interna y externamente, al igual que el baño, pero esto deberías llevarlo al día de forma habitual, no hay que aumentar la frecuencia por la llegada del bebé. Hay diversos estudios que demuestran que la crianza de un bebé con mascotas los hace más inmunes, menos propensos a las alergias y más tolerantes y respetuosos que los niños que se crían sin ellos.

Imagen 3. Presentación ordenada del bebé el día de la llegada del hospital.

Para recrear el momento en que tengas al bebé en brazos, podéis pasearos por casa de forma habitual con un muñeco o mantita en brazos sujeta de la misma forma que cogerás al niño. Es otra forma de que el perro se acostumbre a que a partir de ahora llevarás siempre algo encima, e incluso puedes practicar la señal "sentado" para presentarle lo que llevas en los brazos.

Cuando lleguéis del hospital, es importante que hagáis una presentación oficial. Mientras uno le pide que se siente/tumbe al perro, el otro se agacha con el bebé y permitirá que le huela, a la vez que le ofrecéis premios y palabras bonitas (Img.3). Para esto, es imprescindible que hayáis practicado previamente esta conducta bajo señal de manera relajada y positiva. Es decir, no se trata de obligar al perro a que se siente, sino de indicarle que haga algo que le gusta, porque previamente lo habéis practicado como un juego divertido y calmado.

Nunca le apartes de malos modos ni regañes en situaciones en las que el bebé esté presente. Parte del aprendizaje de los perros funciona mediante asociaciones (es lo que se conoce como condicionamiento clásico) y, si el perro asocia al bebé de forma negativa, estarás comenzando con mal pie.

Para aliviar todos estos cambios que van a producirse en la vida del perro se puede utilizar la feromona de apaciguamiento canina. La puedes encontrar en difusor y en collar. Puedes colocar un difusor en la zona segura que has creado para el perro o un collar para que lo lleve a todos lados (o los dos).

Es muy importante recordar que vuestras mascotas formaban parte de la familia antes de la llegada del bebé y que su bienestar es tan importante como el del nuevo miembro de la familia (Img.4 y 5). Y, por supuesto, recomendamos que cualquier situación individual sea analizada y asesorada por un especialista veterinario en etología.

Imagen 4. Perros y bebé conviviendo juntos.

Una vez el bebé va creciendo, pasa por distintas fases que serán seguramente conflictivas en relación a la convivencia con el perro. Nuestra intervención en la enseñanza del niño deberá ser progresiva y siempre atendiendo a las características del periodo de crecimiento y desarrollo del mismo.

A partir de los 6 meses, el bebé comenzará a mostrar una tendencia natural de atracción hacia el perro, le sonreirá, intentará tocarlo y agarrarlo y, cuando ya pueda moverse, lo perseguirá gateando. Tendrás que enseñarle al bebé poco a poco cómo acariciarlo de manera suave y sin brusquedades y a no invadir su espacio. Puede parecerte que el bebé a esa

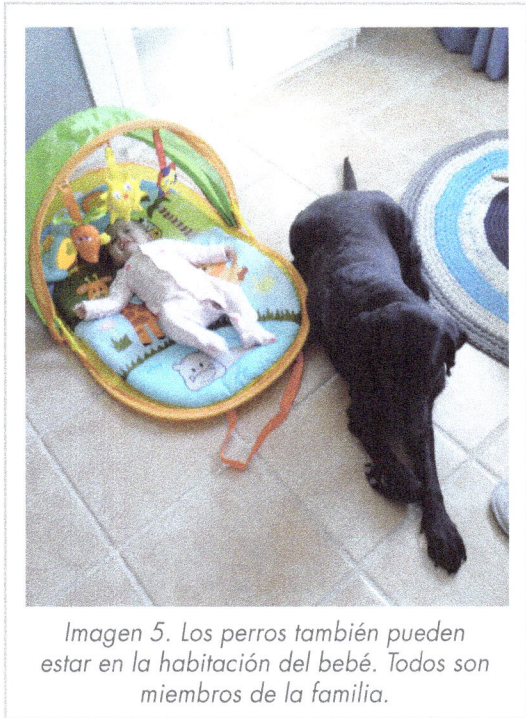

Imagen 5. Los perros también pueden estar en la habitación del bebé. Todos son miembros de la familia.

edad no entiende lo que quieres explicarle, sin embargo, no es así. Además, puedes hacer sesiones con el bebé y el perro en las que se practiquen diversos movimientos y sonidos del bebé cerca del perro mientras este realiza conductas tranquilas bajo señal y recibe un refuerzo positivo.

Imagen 6. El momento de la comida, uno de los mejores en la convivencia diaria.

Ni que decir tiene que se debe tener bajo supervisión en todo momento la relación del perro y el niño y no dejarlos solos por mucha confianza que tengamos en ellos (Img.6).

A medida que el niño va creciendo, se debe prestar atención a la relación con el perro, incluyéndolo en las actividades que se hagan con él (paseos, baños, cuidados, adiestramiento) para fomentar el vínculo en forma de amistad y confianza, aunque siempre con unas reglas básicas como pueden ser respetar la comida y el descanso del perro, así como su espacio personal y sus juguetes, enseñarle a no utilizar el castigo y a comprender su lenguaje. Estas reglas son de mayor importancia, incluso cuando se trata de otros perros que no sean el suyo.

CAPÍTULO 35

EL JUEGO EN EL PERRO

El juego es de una importancia esencial en los animales altriciales, ya que mediante él los cachorros practican los comportamientos que posteriormente formarán parte de sus patrones fijos de conducta. Casi todos los mamíferos y algunas aves juegan (Img.1).

El juego es esencial para el aprendizaje. Los cachorros que se crían separados de su madre o de su camada muestran una mayor sensibilidad a todo tipo de contacto social, llegando a desarrollar problemas de aprendizaje, fobias, hiperactividad, ansiedad generalizada, falta del control en la mordida, agresividad en el juego, juego descontrolado, intolerancia al contacto, miedos, destructividad en casa, etc. Además, mediante el juego los perros aprenden a ejercitar y desarrollar la coordinación motora, lo que les servirá para su posterior adaptación a distintos ambientes y entrenamientos.

Imagen 1. Perro adulto jugando con un cachorro.

Mientras los perros juegan, nada es serio. Ninguna conducta llega a terminar su secuencia, sino que se repiten una y otra vez y se intercalan con otras distintas, de manera que cada perro puede representar todos los roles posibles. Durante el juego se ven escenificadas conductas como la de caza, la reproductiva (monta) o la agonística (dominancia, sumisión) (Img.2, 3 y 4).

Imagen 2. Posturas agonísticas mostradas durante el juego. La perra de la derecha aparenta ser más fuerte mediante una conducta ofensiva.

Imagen 3. Continúan representando los roles de la imagen 1.

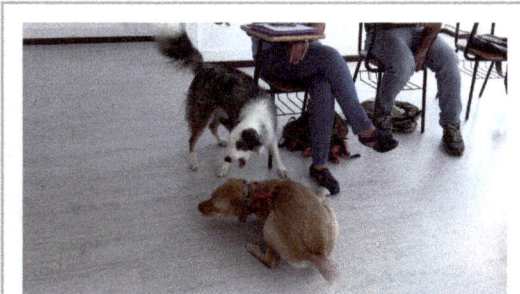

Imagen 4. La perra de color canela muestra sumisión.

Para el juego se debe proporcionar un espacio libre de objetos con los que el perro pueda hacerse daño, a la vez que lleno de otros con los que pueda experimentar distintas sensaciones, por ejemplo, diversos tipos de juguetes.

El juego es la base de la conducta exploratoria y mediante él se expresa la disposición innata de aprender. Esto podemos observarlo cuando a un cachorro le introducimos un objeto nuevo en su ambiente. Poco a poco se acercará al objeto y al principio no permanecerá mucho rato a su lado. Luego lo olfateará, lo morderá y se subirá encima, tímidamente primero, después con mayor confianza.

Al menos durante su juventud, la mayoría de mamíferos son extraordinariamente curiosos, buscan activamente situaciones nuevas. Pero el animal solo juega verdaderamente cuando está saciado, cuando no tiene sed y cuando no tiene otra preocupación. Ninguna necesidad directa motiva el juego, pero reviste gran importancia para el desarrollo normal del animal. Esto indica que el juego está relacionado con el aprendizaje. El animal interacciona con las cosas que encuentra en su medio ambiente durante el juego y aprende así a conocer sus características. Acumula experiencia durante el juego con sus congéneres y aprende también a valorar las posibilidades de sus propias habilidades. Sus juegos se diferencian claramente de los comportamientos serios.

Inicialmente, la madre es la que proporciona al cachorro ese ambiente de seguridad para poder dedicarse a jugar. Una de las múltiples cosas que la madre enseña a sus cachorros es la inhibición de la mordida, y entre ellos mismos lo aprenden mediante el juego. Esto les permite saber que deben ceder cuando la intensidad de dicha mordida sec excesiva. Durante el juego, el mordisco siempre estará inhibido.

Por tanto, un perro necesita jugar día a día, al igual que lo necesita un niño. Por ello es muy importante que proporcionemos al cachorro o adulto los juguetes adecuados a cada edad, para que satisfagan la conducta exploratoria, sin perjudicarles en la formación de su mandíbula ni en la erupción de sus dientes. En la etapa de cachorro la mandibulación correcta y la erupción de los dientes son procesos fisiológicos que hay que favorecer y no dañar. De hecho, la elección de juguetes demasiado duros perjudicará estos procesos con la consiguiente posibilidad de dolor para ellos y aparición de incorreciones en las mandíbulas o en la dentadura. Igual de importantes son los juguetes interactivos, ideados para que el animal desarrolle su capacidad cognitiva y relacionados habitualmente con el hecho de conseguir comida.

Nunca debemos ofrecer al perro zonas de nuestro cuerpo para jugar y mordisquear, como manos o pies, sino un objeto adecuado. Tampoco objetos caseros como zapatillas. Pero sí debemos participar diariamente en el juego con nuestro perro. Actualmente se piensa que la finalidad del juego es sencillamente jugar.

CAPÍTULO 36

EL PERRO Y LAS PERSONAS MAYORES

La convivencia de una persona mayor, sobre todo si esta vive sola, con un perro tiene claros beneficios físicos, psíquicos y sociales, comenzando por amortiguar el efecto de la soledad y mantener la salud cardiovascular (Img.1). Al igual que cuando un anciano cuida de su nieto, el cuidado del perro le crea una responsabilidad y un trabajo que le hace sentirse útil y para el cual tiene que estar preparado. El perro necesita salir y hacerlo conlleva varios beneficios en la persona, como realizar ejercicio físico y desarrollar relaciones sociales. Esta actividad les repercute de manera positiva en la tensión arterial y en la salud cardiovascular. Además, se reduce el estrés y se mejora el estado de ánimo al observar y acariciar al perro, a la vez que se fomenta el vínculo entre los dos.

Pero hay que tener cuidado con el perro que se asigna para esta tarea, si es que no se trata de un perro que ya conviviera con el anciano. No todos los perros son aptos, por su personalidad, para esta labor y si no lo seleccionamos adecuadamente todos estos beneficios pueden resultar en perjuicios y complicaciones añadidas. Por tanto, sería necesario contar con un especialista cualificado con el que asesorarse.

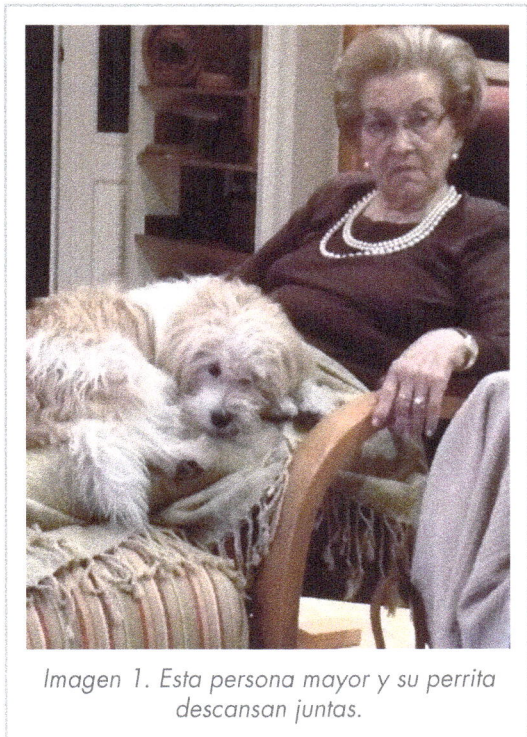

Imagen 1. Esta persona mayor y su perrita descansan juntas.

Por otro lado, responsabilizar únicamente al anciano del cuidado y la tenencia del perro puede ser demasiada carga. En ocasiones, el anciano tiene que ir a vivir a casa de algún familiar, a una residencia o ingresar en el hospital. En el primer caso la familia tendría que admitir al perro, cosa que no siempre ocurre. En el segundo y tercero, las residencias y los hospitales no suelen permitir, por desgracia, la entrada de animales. Así, el perro quedaría sin dueño y sin lugar donde vivir, lo que acabaría seguramente conduciéndolo a un refugio y engrosando las listas de abandono.

Si la persona sufre de alguna discapacidad o dificultad debida a su edad, podemos entrenar específicamente al perro para ayudarle en tareas concretas, como abrir y cerrar cajones, encender y apagar las luces o recoger cosas que se caen al suelo, así como avisar o alertar de determinadas circunstancias. En este caso se trataría de perros de asistencia o perros señal.

En otros casos, las personas ancianas pueden ser ayudadas en diferentes áreas o patologías – por ejemplo, la enfermedad de Alzheimer o la depresión – por perros que realizan actividades o terapias asistidas. Estos perros son entrenados específicamente y guiados por profesionales formados en distintas áreas de la veterinaria, la etología, la psicología y la educación canina. Afortunadamente, esta labor se está permitiendo cada vez más en residencias de ancianos y en colectivos específicos, donde los perros realizan una labor insustituible para mejorar la calidad de vida, entendida como aumentar el bienestar físico, psíquico y social.

CAPÍTULO 37

MI PERRO SE LAME DEMASIADO

La dermatitis acral por lamido, granuloma de lamido o forunculosis acral es una condición patológica de la especie canina manifestada por el lamido excesivo de la zona del carpo en las extremidades anteriores y/o del tarso en las posteriores, llegando a ocasionar una lesión (granuloma) similar a una herida en distintos niveles de gravedad (Img. 1 y 2).

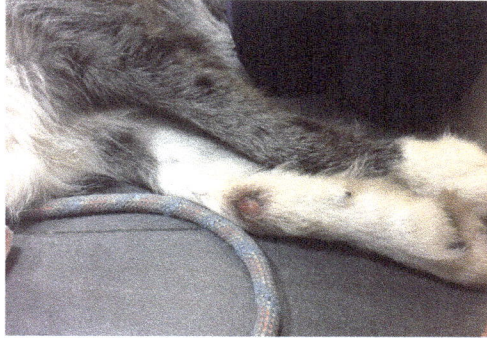
Imagen 1. Dermatitis acral por lamido.

La queja general del propietario cuando acude a consulta en estos casos es que su perro se chupa continuamente todas o alguna de las patas sin importarle si le regañan llegando a causarse alopecias y heridas.

Este tipo de patología es más frecuente en perros de razas grandes, entre ellas Labrador, Boxer, Bullmastif, Pastor alemán, Doberman y Dogo alemán.

Frecuentemente, cuando se realiza la consulta, el problema ya es crónico, por lo que no siempre se puede llegar a saber si la herida estaba primero o si ha sido el lamido el que ha producido la herida. Lo importante aquí es que, sea la causa

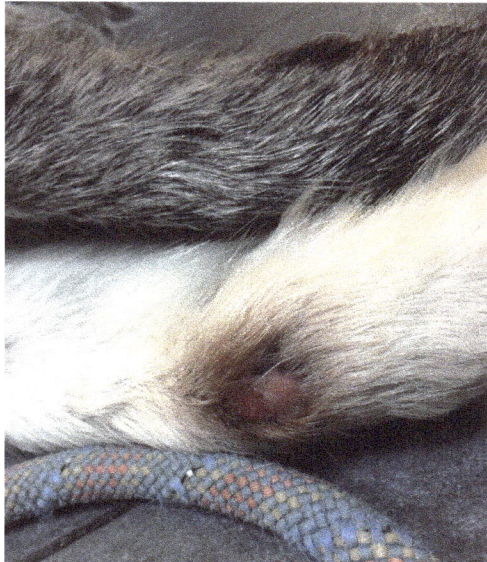
Imagen 2. Dermatitis acral por lamido. En este caso el origen era dolor articular.

exclusivamente conductual, o sea otro problema clínico el que ha ocasionado el lamido, una vez que se inicia este existe un mecanismo mediado por endorfinas que hace que se perpetúe, dando lugar a que la lesión se agrave y a que el animal encuentre cada vez más placentero el lamerse la zona.

Por tanto, puede llegar un punto en el que es muy difícil desligar la parte etológica de esta patología de a de otras causas médicas. De hecho, unas se favorecen a otras mutuamente, creando un mecanismo de círculo vicioso del que es difícil para el animal desligarse, pudiendo derivar en una conducta compulsiva.

Así pues, es primordial que tu veterinario pueda remitirte a un especialista lo antes posible para poder diagnosticar con rapidez. Sería interesante además que la consulta tuviera un abordaje mixto, es decir, que intervinieran diversos especialistas. Fundamentalmente un dermatólogo y un etólogo veterinarios. Por supuesto, son necesarias revisiones posteriores para ir monitorizando la evolución del problema.

Como hemos recalcado, en la dermatitis acral por lamido intervienen

diversas causas, como las siguientes, que producen dolor o picor y que el perro alivia con el lamido de la zona:

- Lesión traumatológica en la articulación.
- Lesión focal localizada debido a un traumatismo o cuerpo extraño.
- Dermatitis diversas (atópica, alergia alimentaria, alergia a la picadura de pulgas, parasitaria, infecciosa, fúngica).
- Conductual (ansiedad, aburrimiento, frustración, estrés).

Todas estas causas deben ser investigadas en la consulta para poder llegar a un diagnóstico definitivo que nos permita tratar con eficacia. Habrá que llevar a cabo exámenes dermatológicos, traumatológicos, neurológicos y conductuales.

El tratamiento, por supuesto, va a depender de la causa o causas y el éxito del mismo es totalmente dependiente de que el propietario siga a rajatabla las recomendaciones de los especialistas implicados. Pueden estar implicadas diversas actuaciones y medicamentos que vayan actuando conjuntamente para que se produzca la curación completa.

Es muy importante que acudas a todas las revisiones que te paute tu veterinario, ya que el proceso de tratamiento suele ser largo y pueden existir recidivas. Además, un error muy frecuente es creer que la lesión ya está curada porque la piel está recuperada y el pelo crecido, y abandonar el tratamiento por ser muy pesado. Con ello lo que se consigue es volver al principio y tener que empezar de cero.

Si la causa es conductual, las medidas de tratamiento serán, como siempre, multimodales, pasando de manera imprescindible por medidas de enriquecimiento ambiental, reducción del estrés e interrupción del refuerzo de la conducta.

CAPÍTULO 38

EL PERRO Y EL DEPORTE

Un perro que sigue día a día una rutina en la que se incluye un programa de ejercicio adecuado podrá canalizar su energía y conseguir un mejor equilibrio emocional gracias al efecto que tiene el ejercicio físico sobre los neurotransmisores, aumentando la producción de serotonina.

No se trata de que cuando llega el fin de semana cojas a tu perro y lo ejercites hasta la extenuación, ya que esto puede llegar a producir problemas físicos a nivel articular, muscular y tendinoso, sino de implantarlo dentro de su día a día de manera que sea algo constante. Aunque si el fin de semana podemos dedicarle más tiempo mejor, claro está.

Dentro del ejercicio físico que podemos hacer con el perro estaría el simple hecho de pasear a distintas velocidades y con diferentes pendientes, correr si es una actividad que ya realizas, montar en bicicleta o nadar. Aunque el ejercicio físico no lo es todo, el día a día del perro debe estar compuesto por diferentes actividades: un perro que hace ejercicio diariamente es siempre un perro más feliz, dalo por hecho. Además, hacer ejercicio junto a tu perro fomentará vuestro vínculo y, si lo haces en grupo, cumplirá con otra de las actividades esenciales para el equilibrio emocional del perro, el contacto social.

En relación con lo anterior, practicar un deporte puede ser algo muy interesante para cumplir con esta necesidad. Te recomendamos que lo hagas en lugares especializados, con profesionales formados que trabajen con técnicas en positivo y con materiales adecuados y no dañinos. No vayas a practicar agility a un parque canino.

Por supuesto, para hacer deporte hay que entrenar, no se puede pasar directamente al nivel experto. Sería ideal cumplir primero con una visita al veterinario donde se le haga un chequeo al perro en el que se compruebe que está todo correcto. Ten en cuenta que hay patologías ortopédicas que no permiten ciertos tipos de ejercicio. Incluso puedes seguir un programa de entrenamiento programado, asesorado por un especialista veterinario en fisioterapia y rehabilitación, sobre todo si vais a dedicaros a la actividad en serio.

Hoy en día existen diversos deportes que puedes practicar con tu perro y puedes implicar a toda la familia, niños incluidos. Incluso puedes participar en competiciones, pero cuidado, sin estresar al perro. A continuación, te proporcionamos una lista con los más importantes:

- El deporte más popular es, sin duda, el *Agility*. En 1977, John Warley quiso crear una actividad diferente a las grandes exposiciones caninas de Inglaterra. Para ello se basó en las pruebas de hípica. Se trata de que el perro que realice un circuito en el que se colocan obstáculos en el menor tiempo posible. Se valoran el tiempo del recorrido y la ejecución. Los obstáculos de los que se compone el recorrido son los siguientes: vallas de salto, balancín, túnel flexible, muro, empalizada, rueda, mesa, slalom, salto de longitud, pasarela y túnel rígido. El guía debe indicar al perro cómo tiene que realizar el recorrido de la pista mediante la voz y los gestos, pero no puede tocarlo ni llevar nada en las manos (Img. 1 y 2).

Imagen 1. Observa cómo la guía le indica a la perrita qué obstáculo debe abordar.

Imagen 2. Observa cómo la guía no toca al perro y va por delante de él.

- El *Canicross* es un deporte que se practica al aire libre y que consiste en correr tras el perro al que el propietario va unido mediante un cinturón, arnés de tiro y una línea de tiro con amortiguación, simulando al deporte de mushing (tiro de trineos). Fue introducida por la asociación de mushers hace unos años en nuestro país y actualmente es muy popular. Hay que tener especial cuidado con el estado de salud del perro y particularmente con sus articulaciones y almohadillas.

- El *Mushing* es un deporte más complicado, ya que requiere de equipos más específicos y de mayor número de perros. Consiste en un trineo que sigue un recorrido tirado por varios perros y guiado por una persona que va montada en él. Se pueden practicar dos modalidades: nieve o tierra. La primera carrera fue en Alaska, con la prueba Iditarod. Allí los perros de trineo ya se utilizaban para conducir a personas y transportar materiales. En la categoría de nieve el trineo lleva patines y en la de tierra, ruedas.

- El *skijöring* es una modalidad de *mushing* de nieve en la que uno o dos perros tiran de una persona sobre esquís.

- El *Bikejoring* es una modalidad de mushing de tierra en la que uno o dos perros tiran de una persona montada en bici.

- Otro deporte que se ha hecho muy popular es el *Discdog*. Aquí el perro tiene que lograr coger un disco o frisbee que es lanzado sin que este toque el suelo (Img. 3 a 6). Existen dos modalidades: a distancia, en la que lo importante es lanzar el disco lo más lejos posible y *freestyle*, en la que se realizan trucos y habilidades unidas al lanzamiento del disco, como una coreografía.

- El *Mantrailing* es un deporte de rastro poco conocido hasta ahora pero que está

Imagen 3. En el **Discdog** el perro tiene que cazar el disco volador sin que toque el suelo.

Imagen 4. En el **Discdog** el perro tiene que cazar el disco volador sin que toque el suelo.

Imagen 5. En el **Discdog** el perro tiene que cazar el disco volador sin que toque el suelo.

ganando terreno y nos parece muy interesante, puesto que se trata de que el perro localice mediante el olfato a una persona.

- Para los perros pastores tenemos el *Herding*, un deporte complicado en el que el perro y el guía (pastor) tienen que conducir un rebaño en distintas situaciones y en un tiempo determinado (Img.7).

- El *Flyball* es otro deporte para practicar en grupos. En él los perros tienen que coger una pelota que se coloca en una caja y volver a su sitio en el menor tiempo posible y relevándose uno tras otro. Es un deporte de velocidad.

- Otro deporte que es poco conocido es el *Treiball*, originado en Alemania. El perro tiene que conducir 8 balones de un tamaño de entre 45 y 75 cm. hasta introducirlos en una portería en un tiempo marcado ayudado

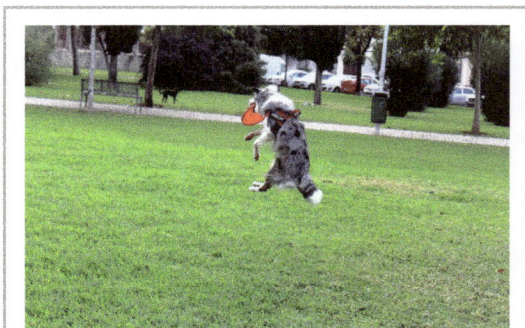

Imagen 6. En el *Discdog* el perro tiene que cazar el disco volador sin que toque el suelo.

Imagen 7. Perro pastor dirigiendo un rebaño de ovejas.

por su guía, que debe mantenerse a distancia. Este deporte es un sustituto para el pastoreo en el caso de no disponer de ovejas.

Como puedes ver, hay muchas formas de hacer disfrutar a tu perro. Solo depende de tu interés y tu implicación, ya que él solo no podrá hacerlo.

CAPÍTULO 39

¿TENGO UN PERRO HIPERACTIVO?

La hiperactividad (o hiperquinesis) es una patología del comportamiento, pero no lo es el exceso de actividad. Este exceso de actividad, sea patológica o no, normalmente va ligado al aumento en las conductas exploratoria y de juego (que a su vez incluyen la destructividad/masticación excesiva, falta de control en el juego), falta de inhibición de la mordedura, falta de aprendizaje de los hábitos higiénicos y alta tendencia a la frustración (Img.1, 2 y 3).

Es una conducta que suele ser muy molesta para el propietario, aun cuando a veces estamos hablando de la actividad y la conducta normal de un perro en una edad juvenil o incluso adulta.

El nivel de actividad que puede presentar un perro va a depender de distintos factores entre los que están los siguientes:

- Edad: los cachorros y perros jóvenes presentan de manera natural una conducta exploratoria muy acusada, sobre todo durante el periodo juvenil. Al pasar a la edad de adulto y producirse la maduración, no siempre se produce una atenuación de estas conductas. Así, es un error que el propietario espere que esto vaya a ocurrir.

- Neotenia: la neotenia es un fenómeno consistente en el mantenimiento de caracteres juveniles en el individuo adulto. Dentro de estos caracteres juve-

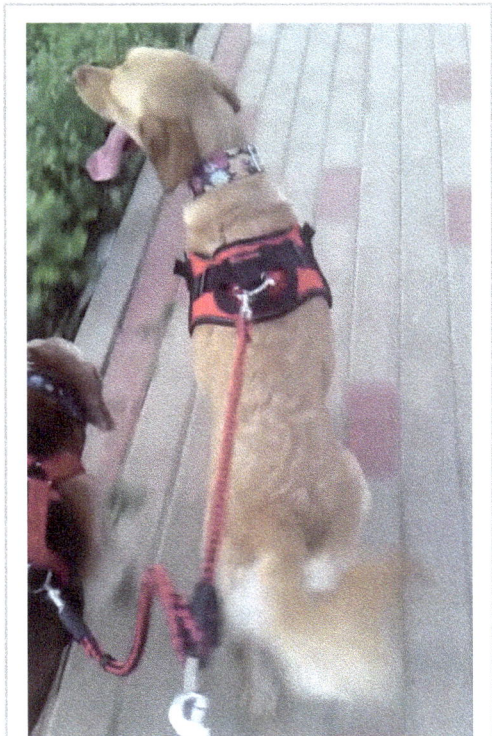

Imagen 1. Perrita con un problema de exceso de actividad tirando de la correa y jadeando en el paseo.

niles estaría la exploración, el juego, las vocalizaciones y la búsqueda de atención. El proceso de domesticación ha propiciado que se produzca este fenómeno. Algunos perros son eternos cachorros toda su vida.

- Raza: algunas razas muestran naturalmente dentro de sus características una actividad más alta, aunque siempre existirá variabilidad entre individuos, como es el caso de razas incluidas en los grupos de perros de caza y de trabajo.

Imagen 2. La perra de la imagen anterior tirando y ladrando en el paseo.

- Edad de destete: permanecer con su madre y hermanos de camada el tiempo adecuado, mínimo 8 semanas, proporciona al individuo unas características estables de temperamento. Los perros destetados antes de esa edad suelen presentar inestabilidad emocional en distinto grado.

- Sexo: por regla general, los machos suelen presentar mayor nivel de actividad.

Imagen 3. En este caso haciendo un paseo de observación con la misma perra por un lugar más transitado.

- Enriquecimiento ambiental: los perros que adolecen de enriquecimiento, ya sea este físico, social o sensorial (o todos ellos) desarrollarán conductas excesivas de masticación, exploración, destructividad, vocalizaciones y demanda de atención.

Los síntomas del exceso de actividad se presentan habitualmente durante los primeros 2 años de vida y en presencia o ausencia del propietario, aunque a veces pueden manifestarse solo en su ausencia si el propietario ha castigado al perro al hacerlo delante de él.

Estos perros suelen ser demandantes de atención y elevan su actividad en presencia de un estímulo activador: propietario que llega a casa, juego, visitas, timbre, etc. Pero después son capaces de relajarse y dormir adecuadamente y de concentrarse cuando se les requiere en el aprendizaje (Img.4).

Imagen 4. Esta perra es capaz de relajarse mientras su propietaria da clase, tras haberla llevado en varias ocasiones al lugar.

La hiperactividad o hiperquinesis sí es una patología del comportamiento que requiere intervención de un veterinario especialista. Los perros que sufren hiperactividad se caracterizan por presentar una actividad paradójica en respuesta a la administración de un fármaco estimulante. Es decir, presentan la respuesta contraria a la que debieran. Esta es la prueba utilizada para su diagnóstico, y requiere para llevarla a cabo la hospitalización del animal.

En estos perros el exceso de actividad no depende de la raza, la edad, el sexo o el entorno. Los síntomas son independientes y de hecho el perro se muestra totalmente fuera de cualquier intervención externa. La excitación no está relacionada con un estímulo concreto, presentando dificultad para conciliar el sueño y descansar, aumento de las frecuencias cardíaca y respiratoria, falta de concentración en cualquier actividad y de aprendizaje y, en ocasiones, otras conductas anómalas como agresividad.

Determinar si el nivel de actividad que realiza el perro es suficiente o no es complicado, ya que esto depende de lo que nos cuente el propietario, de la raza y del individuo. Pero, fundamentalmente, se debe instaurar una rutina constante de ejercicio físico, juego y contacto social diarios.

Un examen veterinario completo sería necesario para descartar posibles problemas que puedan conllevar un aumento de la actividad, como dolor o alteraciones hormonales, entre otras.

Si se determina mediante la prueba correspondiente que el perro tiene un problema de hiperactividad, tendrá que tomar el fármaco, además de unas medidas de manejo comunes al exceso de actividad:

- Detener el refuerzo del propietario de las conductas de excitación y premiar las conductas tranquilas.

- Evitar el uso de castigo, ya que no es útil y puede conducir a conductas agresivas o más excitadas.

- Mantener en la medida de lo posible un entorno libre de estrés.

- Implantar un programa de ejercicio diario, con el objetivo de conseguir un mejor equilibrio emocional gracias al efecto que el ejercicio produce a nivel de la neurotransmisión.

- Enriquecer el ambiente facilitando el juego y la estimulación cognitiva y olfativa.

- Prestar atención al animal cuando está tranquilo.

- Practicar obediencia para la relajación.

Es muy importante asesorarse a tiempo, ya que dejar pasar el tiempo esperando a que el animal se tranquilice por la edad o llevar a cabo técnicas quirúrgicas con el mismo objetivo, como la castración, casi nunca surte el efecto deseado, por lo que el problema se complicará y se cronificará, siendo después más difícil de abordar.

CAPÍTULO 40

UN SEGUNDO PERRO EN CASA

Las frases "dos mejor que uno", "donde cabe uno caben dos" o "uno más no se nota", tan frecuentemente escuchadas en nuestro entorno cercano, y no tan cercano, son cuando menos atrevidas. No es cierto que dos es casi igual que uno, dos es exactamente el doble de uno, en todos los sentidos. Y si queremos tener dos perros, habrá que plantearse que todo será el doble: de dinero, de esfuerzo y de tiempo.

Así que si ya tienes esto muy claro es que estás empezando por donde se debe, por el principio, aunque es importante no olvidarlo. Después ya solo queda elegir un individuo que pueda congeniar con el residente y pasar el proceso de introducción, que no es poco.

El segundo paso es saber si a nuestro perro le conviene o le viene bien convivir con otro de su especie. Quizás no se lleva bien con perros, durante su periodo de socialización no tuvo mucho contacto o ninguno con perros o no tolera a los cachorros o a los machos. En fin, detalles importantes a la hora de llevar un compañero a casa. Dependiendo de todo ello, habrá que elegir una u otra personalidad, sexo, edad o procedencia en el otro. Aunque, por supuesto, si el perro residente tiene algún problema de comportamiento, lo mejor sería diagnosticarlo y tratarlo antes de introducir cambios en su entorno. También es muy interesante enseñar algunas conductas de calma bajo señal, como sentarse, tumbarse o mirar al dueño, por ejemplo.

Una vez analizadas las características particulares de temperamento de uno y otro, y habiendo decidido quién va a ser el afortunado al que le vamos a dar un hogar, es cuando el asunto se pone interesante y pasamos a la acción, pero no rápidamente, tómate tu tiempo que esto va para largo. Cuanto más protocolizado esté todo, mejor final tendrá.

Así, comenzaremos una serie de encuentros, en un entorno neutral para ambas partes, en los cuales dejaremos que ambos perros se conozcan, llevando a cabo acercamientos progresivos y relajados de manera repetida en varios días. Ya sabes que la presentación marca la pauta. Si va mal desde el principio, es mal asunto. Así que lleva comida, juguetes, correa larga y muy buen humor. En estos encuentros es bueno pasear todos juntos, ya que esto favorece el vínculo entre los perros.

La siguiente fase trataría de ir introduciendo poco a poco el nuevo individuo en casa. Esto se llevará a cabo de manera progresiva, siempre después de pasear, entrando todos juntos y estando poco rato, durante el cual se le permitirá al nuevo ir explorando sin que invada los espacios propios del perro de la casa ni utilice sus recursos (sus juguetes, comida, agua, cama, propietario). Se le debe prestar siempre atención al perro residente, así como premiarle por comportarse bien.

Imagen 1. Cinco perros que viven juntos.

Este rato de visita se irá prolongando cada vez más, hasta que el perro nuevo pueda quedarse a dormir. Durante los primeros días no se deberán dejar solos juntos, hasta que no estemos seguros de que congenian perfectamente.

Imagen 2. Dos perros que viven juntos jugando.

Todo este proceso puede venir ayudado por la utilización de feromonas de apaciguamiento canino en ambos perros. Su uso facilitará la adaptación disminuyendo el estrés asociado.

Seguro que, si sigues estas pautas, te irá muy bien (Imgs. 1 a 3). No obstante, cualquier cosa que se salga de la normalidad o situación que no sepas manejar, te recomiendo que no la dejes sin resolver ni la prolongues y que contactes con un especialista lo antes posible.

Imagen 3. Dos perros que viven juntos entrenando obediencia.

CAPÍTULO 41

COMO EL PERRO Y EL GATO

Aunque es cierto que existen hogares en los que la convivencia entre perros y gatos es imposible – no se toleran, no pueden estar juntos, el perro no para de perseguir al gato, ha habido accidentes incluso de mordedura – y en ellos se cumpliría el refrán, quizás en esos casos no haya habido un asesoramiento previo y la introducción no se haya hecho de la manera adecuada. Con esto no queremos decir que siempre sea posible la convivencia de ambas especies. Puede que no lo sea, pero antes de decidirlo debemos tener en cuenta una serie de consideraciones y, en caso de que decidamos que puede hacerse, llevarlo a cabo con el asesoramiento de un especialista.

Hablaremos del caso en el que un propietario tiene un perro y desea o le es necesario introducir un gato en casa. Lo más importante a tener en cuenta es que una (o mejor si son las dos) especies se hayan socializado durante el periodo sensible (3ª a 12ª semana en el caso de los perros y 2ª a 9ª semana en los gatos) con la otra. Concretamente y, según muestran algunos estudios, sería más favorable la tolerancia en el caso de que se cumplan alguna o todas de estas condiciones:

- En el caso de los periodos del desarrollo del gato es importante tener en cuenta (si se sabe) el carácter del padre, además de que haya existido contacto y cría adecuados con la madre y socialización con perros.

- Los gatos serán más amigables si el primer encuentro con perros se ha producido antes de los 6 meses de edad del gato.

- Mejor si el perro es menor de un año.

- Mejor si es el gato el que está primero en el hogar.

Por tanto, si tienes posibilidad de elección, intenta buscar que se cumplan la mayor parte de las características. Si no, no tiene por qué ser imposible, pero un mal primer encuentro puede determinar que esa relación no prospere.

El hecho de que tu perro persiga gatos en la calle no tiene por qué significar que no los va a tolerar en casa, pero no sería un perfecto punto de partida. Que se haya socializado con gatos en su periodo sensible y durante el resto de su vida no haya vuelto a tener contacto, excepto para querer depredarlos en la calle, tampoco es buen inicio, aunque es mejor que no haber tenido contacto nunca. Cuidado con gatos procedentes de refugios: su comportamiento en el mismo no tiene por qué ser igual que el que tendrá en un hogar.

Es fundamental darle al gato un tiempo mínimo de adaptación a la casa, que será diferente en cada caso, manteniéndolo separado del perro con todo lo que necesita y utilizando feromonas de familiaridad en el entorno. Poco a poco se le irá dejando que conozca y explore la casa sin estar el perro presente. De manera que el primer encuentro se lleve a cabo con el menor estrés posible. El intercambio olfativo es fundamental al inicio de una adaptación. Seguramente ya habrán podido olerse a estas alturas, pero para hacerlo más patente se pueden frotar ambos animales de manera suave con una toalla o trapo y colocar cada toalla cerca del lugar de descanso del otro. Es muy importante observar las reacciones de ambos, ya que nos darán información, sobre todo de disconformidad.

Es muy importante que el perro pueda acudir al encuentro lo más relajado posible, por lo que sería ideal que se le haya enseñado una o dos conductas bajo señal – por ejemplo "sienta y tumba"– que se usarán para que no se lance encima del gato impulsivamente, sino que pueda acercarse con cuidado. Además, se le puede dar un paseo largo con olfateo antes del encuentro.

Los animales deben permanecer bajo control: el perro con correa por si saliera corriendo hacia el gato, iniciando una persecución estresante y peligrosa. Al gato se le debe permitir acercarse poco a poco dejándole esconderse si lo necesita. Ambos animales deben poder asociar la experiencia con algo positivo, como comida, juego o caricias.

Al principio, los encuentros no deben alargarse mucho sino repetirse e ir prolongándolos conforme la situación se vaya normalizando.

Una vez ya puedan estar juntos, hay que tener cuidado cuando tengas que ir a trabajar y dejarlos aún separados, ya que no tendrán vigilancia durante unas horas. Es muy importante que el gato disponga siempre de sitios donde esconderse y lugares altos para subir (Img.1 a 4), en el caso de que los necesite debe poder usarlos.

Imagen 1. *Gato subido a una vitrina mientras observa desde arriba.*

ETOLOGÍA CANINA GUÍA BÁSICA SOBRE EL COMPORTAMIENTO DEL PERRO

Imagen 2. Escondite en el interior de un armario.

Imagen 3. Caja para gatos que le permite esconderse y descansar tranquilo en su interior.

Por supuesto, la rutina del perro a y las atenciones dedicadas a él deben permanecer invariables, así como sus recursos (Img. 5), y ser positivas siempre en presencia del gato, sin uso de castigos o reprimendas a ser posible.

Imagen 4. En esta estantería se han respetado algunos de sus huecos para que los gatos puedan subir, descansar y comer.

Imagen 5. En esta foto se puede observar cómo el gato se ha acostado en la cama de la perra y ésta no puede acceder.

La paciencia será tu gran consejera y la de ellos para una feliz adaptación (Imgs. 6 y 7).

Imagen 6. Perra y gatos adaptados y descansando juntos en el sofá.

Imagen 7. Perra y gatos adaptados y descansando juntos en la cama.

CAPÍTULO 42

MI PERRO COME CACA

La coprofagia, o ingestión de heces, es un problema desagradable, pero más para el propietario que para el perro. Se incluye dentro de un trastorno denominado pica, que se define como la ingestión de sustancias que no son propias de la alimentación de la especie.

La principal pregunta que quizás te planteas es: "¿es normal?". Bueno, la ingestión de heces solo se considera normal en el caso de una madre que está criando a sus cachorros. La madre ingiere las heces de los cachorros para mantener el entorno limpio de suciedad y de olores que puedan atraer a posibles depredadores. Fuera de este periodo de cría, la coprofagia deja de ser habitual y normal.

Los perros pueden ingerir heces propias, de otros perros o de otras especies.

La causa de que un perro comience a ingerir heces no está demasiado clara, pero lo que sí es claro es que puede tener un origen orgánico o conductual. Por ello, como siempre en los problemas de comportamiento, habrá que descartar primero una posible causa orgánica:

- Déficit de nutrientes (vitaminas y minerales).
- Dietas hipocalóricas.
- Hiperadrenocorticismo.
- Insuficiencia pancreática exocrina.
- Problemas de malabsorción digestiva.
- Parasitosis.
- Diabetes mellitus.
- Fármacos que aumenten la ingestión de alimentos (glucocorticoides).

    Dentro de las causas conductuales podemos encontrar las siguientes:

- Comportamiento exploratorio.
- Evitación del castigo.
- Aprendizaje de la madre.

- Estancia en entornos sucios (Imgs.1 y 2).

- Demanda de atención.

- Estrés y ansiedad.

- Falta de estimulación ambiental.

- Heces muy palatables (gatos, herbívoros, animales sobrealimentados) (Img.3).

- Conducta reforzada por el propietario.

¿Cómo tratamos este sucio problema? Evidentemente, hay que hacer primero los chequeos y analíticas necesarios con el veterinario y, si existe alguna patología, tratarla de la manera que él te indique.

En cuanto al tratamiento conductual, dependerá del diagnóstico al que se haya llegado. Por regla general, es imprescindible eliminar por completo cualquier refuerzo que se esté haciendo de la conducta (incluyendo los castigos). El problema es que la conducta es autorreforzante, por lo que muchas veces es difícil de eliminar. Por tanto, nos basaremos, dependiendo del caso, en las siguientes medidas generales:

- Eliminación del castigo.

- Eliminar el refuerzo de la conducta (demanda de atención).

- Mantener siempre limpio el entorno.

- Distribuir la dieta en 3 raciones al día.

Imagen 1. Calles sucias por donde los perros pasean.

Imagen 2. Entorno sucio que dificulta el tratamiento.

- Aumentar la fibra en la dieta.

- Control del paseo mediante refuerzo positivo de la atención para que no ingiera sustancias del suelo.

- Refuerzo positivo si ignora las heces.

- Contracondicionamiento cuando defeque (distrayéndolo para que no ingiera las heces).

- Enriquecimiento ambiental (físico, social y mental).

Imagen 3. Heces de gato en areneros sin limpiar. Los areneros deben mantenerse muy limpios, no solo por el bienestar de los gatos, sino para dificultar la ingestión por los perros.

- Añadir sustancias que empeoren el sabor de las heces (piña, calabacín, suplementos enzimáticos, fibra o aceite vegetal).

En general, existe muy poca investigación sobre el tema, pero es evidente que se debe acudir a un veterinario especialista en medicina del comportamiento para que se pueda llegar a un diagnóstico correcto.

CAPÍTULO 43

¿QUÉ ES EL EMBARAZO PSICOLÓGICO?

Embarazo psicológico es un término inadecuado y popular que define un estado fisiológico cuyo nombre es pseudogestación. La pseudogestación, pseudopreñez o pseudociesis no es un problema psicológico, ni siquiera es un problema, exceptuando algunos casos, sino que es una condición normal en la perra.

En la naturaleza es un proceso normal y a veces incluso se utiliza en las manadas para ayudar en la cría de los cachorros. La estrategia reproductiva de los animales depende sobre todo de dos factores: el fotoperiodo y la disponibilidad de alimentos. Los efectos de la domesticación han hecho que las perras, hoy en día, puedan presentar hasta tres ciclos al año, que actualmente no dependen tanto de los factores citados antes, ya que en los hogares tienen los cuidados maternales y la alimentación asegurada por su propietario.

La pseudogestación se produce en hembras que no quedan gestantes, pero en las que se produce un cuerpo lúteo funcional, bajada brusca de progesterona y aumento de la síntesis de prolactina.

Es una condición fisiológica que se genera a partir del diestro, fase durante la cual los niveles plasmáticos de progesterona se mantienen elevados alrededor de 60 a 90 días (tanto si hay gestación como si no). La perra tendrá los mismos síntomas de una gestación real y ocurre a las 6-8 semanas de haber pasado el celo, aunque puede variar entre 3 y 14 semanas.

Los síntomas concurrentes a esta incidencia hormonal sobre el cerebro aparecerán en el mismo momento que los de una perra gestante, es decir, que el ciclo será el mismo, con la única diferencia de que la pseudopreñez no terminará en parto. En algunas ocasiones, y con una incidencia desconocida, se producen presentaciones de la pseudopreñez en que aparecen signos como: hipertrofia mamaria con o sin secreción láctea (galactorrea), mastitis, alteraciones conductuales, conducta de nidificación e inclusive contracciones. En este caso, hablamos de pseudogestación clínica y depende directamente de los niveles de prolactina.

Por tanto, esta condición en la que se presentan a veces cambios de comportamiento, de los cuales el más llamativo es la agresividad maternal y la adopción

Imagen 1. Perra que sufre una pseudogestación y ha adoptado un muñeco.

de objetos que desempeñan el papel de cachorros potenciales (Img. 1), presenta buen pronóstico. Esta agresividad es propia de las hembras que protegen a sus crías y es natural. Por lo tanto, no debemos considerarla una alteración del comportamiento en sí, sino dependiente de la fisiología de una perra gestante o en lactación. En la mayoría de las ocasiones el proceso es auto limitante y no precisa tratamiento.

Normalmente, una perra que ha sufrido una vez de pseudogestación la seguirá padeciendo después de cada celo. Hay que observar que durante este periodo se produce una ralentización del aprendizaje, por lo que no debemos exigir a perras que estén en entrenamiento, adiestramiento o educación.

En la práctica profesional pueden ocurrir presentaciones de pseudogestación que requieran intervención farmacológica, sobre todo por la existencia de mastitis y por la gravedad de las alteraciones conductuales que presente el animal (agresividad). Desde el punto de vista médico, el principio de acción debe ser bloquear la producción de prolactina, objetivo que se puede alcanzar empleando antiprolactínicos (inhibidores de la síntesis de prolactina). La solución definitiva es la castración realizada en periodo de anestro.

CAPÍTULO 44

¿DEBO CASTRAR A MI PERRO?

¿QUÉ ES CASTRACIÓN Y ESTERILIZACIÓN?

La castración es la extirpación de las gónadas u órganos sexuales: los testículos en el caso de los machos y los ovarios u ovarios y útero en el de las hembras. Por el contrario, mediante la esterilización se evita la fertilidad sin extirpar ningún órgano, mediante ligadura de los oviductos en las hembras y de los conductos seminíferos en los machos.

CONDUCTAS SEXUALMENTE DIMÓRFICAS

Antes de entrar en materia sobre si es o no recomendable la castración, hablaremos sobre una serie de conductas llamadas sexualmente dimórficas.

Las conductas sexualmente dimórficas son aquellas que dependen de la acción de las hormonas sexuales sobre el sistema nervioso central. Podemos verlas tanto en un sexo como en otro, pero normalmente son más frecuentes en uno de ellos.

El cerebro de un cachorro se masculiniza debido a los efectos de la testosterona si este cachorro va a ser macho, mientras que la hembra nacerá hembra si no hay suficiente testosterona que actúe sobre su cerebro prenatal.

Un ejemplo de conducta sexualmente dimórfica lo tenemos en la postura de micción. Durante las 2 primeras semanas de vida esta conducta es estimulada por la madre en sus cachorros, y a partir de ahí se va haciendo independiente. Las diferencias entre los dos sexos empiezan a ocurrir a los 2 meses. A partir de los 2 meses, el macho pasa a la postura juvenil, de pie y con el cuerpo inclinado hacia delante y a los 4-6 meses empieza a mostrar la postura de adulto levantando una de las patas traseras. Los andrógenos y los estrógenos aumentan la conducta de micción en cada sexo.

El marcaje territorial también responde a un proceso de diferenciación sexual. Parece ser que la vasopresina, neurotransmisor también conocido como hormona antidiurética, estimula la conducta de marcaje con orina, activada a su vez por la testosterona.

La agresividad ofensiva también depende del efecto estimulador de esta hormona, por lo que también es más frecuente en machos. Esto no quiere decir que cuanta más testosterona circule por las venas de un perro este será más agresivo, sino que todo ello depende del efecto activador que la testosterona tenga sobre el sistema nervioso central, y sobre todo del aprendizaje del perro en esa determinada conducta.

Por último, tenemos la conducta de vagabundeo como conducta más frecuente en machos.

LA CONDUCTA COMO UNA INTERACCIÓN DE FACTORES

Según Manteca (2003), *"desde el punto de vista de la conducta, el organismo animal puede entenderse como un mecanismo con tres componentes principales: los órganos de los sentidos, el sistema nervioso central y los órganos efectores; y los cambios en las concentraciones plasmáticas de las hormonas pueden actuar modificando cualquiera de los tres mecanismos, alterando por tanto la conducta final del animal."*

No debemos olvidar tampoco que la conducta es la expresión de la interacción compleja entre genes y medio ambiente. Así, podemos entender que la conducta no es algo simple y que el hecho de poder modificarla basándonos exclusivamente en la castración resulta bastante ingenuo.

LA CASTRACIÓN Y LA CONDUCTA

Como hemos aventurado en el epígrafe anterior, es un método que se suele utilizar sin tener en cuenta sus efectos sobre la alteración de conducta en cuestión, ya que a veces no modifica para nada el problema e incluso puede agravarlo.

En el macho, la castración disminuye las conductas sexualmente dimórficas que no están relacionadas directamente con la reproducción y que tienen que ver con la intervención de los andrógenos, es decir, el marcaje territorial y la agresividad intrasexual. También disminuye el vagabundeo, aunque hay que tener en cuenta que este también está influido por otros reforzadores de la conducta, como pueden ser la búsqueda de comida y el contacto social.

En la conducta sexual de machos y hembras tiene efectos distintos. Mientras que en las hembras la actividad sexual desaparece inmediatamente tras la castración, en el macho puede perdurar hasta toda la vida o interrumpirse del todo o parcialmente. En el macho el control de la conducta sexual es menos dependiente de la acción hormonal que en la hembra. Por tanto, no debe extrañarnos que en un macho castrado permanezcan conductas como las de monta o erección.

En lo que se refiere a la tendencia a desarrollar obesidad tras la castración, parece que influye más en las hembras, debido a la ausencia de los estrógenos, que disminuyen la ingestión de alimento. Las hembras castradas comen más (hasta 20% más al día según estudios) y ganan más peso. En los machos no hay estudios concluyentes, pero parece ser menor la tendencia a desarrollar obesidad que en las hembras (en la mayoría de los mamíferos las hormonas sexuales masculinas causan aumento en el consumo de alimentos, por lo tanto, al castrarlos el consumo disminuye, aunque parece que aumenta el depósito de grasa).

En las hembras, la castración evita la pseudogestación y todos los problemas derivados, si se realiza en el momento oportuno del ciclo estral; por tanto, disminuiría la agresividad relacionada con la conducta maternal. La castración puede aumentar el riesgo de aparición de agresividad por dominancia si la hembra se castra después de la aparición de episodios de este tipo de agresividad, debido a que los estrógenos y los progestágenos actúan como inhibidores de la agresividad en las hembras. También reduce el marcaje con orina, si éste está asociado al periodo del estro, al igual que reduce la agresividad de las hembras que compiten por un macho en dicho periodo.

Por último, en la actualidad, y según resultados de algunos estudios, puede ser contraproducente castrar perros que presentan conductas de miedo, por lo que habrá que ser cautos al respecto.

CUÁNDO CASTRAR, PROS Y CONTRAS

Como en todo lo que tiene que ver con la ciencia, las corrientes de opinión sobre el tema particular de la castración van cambiando, al mismo tiempo que la ciencia va progresando y se van haciendo estudios en los que se suele comprobar que la corriente, hipótesis o teoría anterior estaba equivocada o era insuficiente.

A esto se une el hecho de que dentro de cada teoría existen diversas interpretaciones y formas de llevarlas a cabo por los clínicos, porque o bien ofrecen flexibilidad a la hora de su realización o bien esta interpretación depende de las circunstancias particulares de cada caso.

Por otro lado, estas circunstancias particulares influyen en gran medida en todo este proceso. Cada perro, propietario y ambiente se debe considerar como único a la hora de emitir unas consideraciones particulares sobre la castración, y se debe tratar independientemente y trasladar esas consideraciones a la información al dueño y a la mesa de quirófano. Con esto queremos decir que porque tu vecina haya esterilizado a su perra no quiere decir que sea bueno también para la tuya; debes consultar siempre a tu veterinario tu caso personal, y no hacer interpretaciones particulares sin asesoramiento.

La castración no es un método de modificación de conducta, sino un complemento en el tratamiento de los problemas de conducta. Al igual que lo son la feromonoterapia, la farmacología, la modificación del ambiente y la utilización de dietas y nutracéuticos. El único método que va a modificar un problema de comportamiento es la terapia modificación de conducta. Todo lo demás es una ayuda.

CAPÍTULO 45

¿POR QUÉ MI PERRO MONTA A OTROS PERROS O A PERSONAS?

Frecuentemente observamos cómo los perros montan a otros perros, a personas o a otros animales, representando esta conducta para nosotros algo totalmente inapropiado e incómodo.

Tenemos que saber que, en ocasiones, esa conducta está justificada para ellos, aunque a nosotros nos suponga un problema. Por tanto, debemos acudir a un profesional veterinario en medicina del comportamiento, para que nos ayude a saber si es o no normal y cómo tratarlo o entenderlo. En ocasiones, la conducta de monta puede responder a un problema médico que puede ser serio. Por eso, sólo nuestro veterinario deberá diagnosticar ese problema y ayudar a nuestra mascota. En los cachorros y los perros jóvenes esta conducta es mostrada muy frecuentemente (Img. 1).

Aunque lo normal es pensar que la conducta de monta es una conducta exclusivamente sexual, nada más lejos de la realidad, pues esta conducta tiene una etiología variada. Además, como propietario, existe un nivel alto de frustración cuando tu perro es castrado y la conducta no desaparece.

Otra de las explicaciones más populares, además de la sexual, es la de la dominancia. Efectivamente, un perro puede

Imagen 1. Perro pequeño intentando montar a otro más grande que él.

montar obedeciendo a una motivación sexual o pretendiendo ser dominante sobre otro individuo. Pero no todo se limita a eso: deberemos analizar muy bien los condicionantes, el contexto, el historial clínico y etológico del animal y la conducta de los propietarios. Sin tener claras estas circunstancias no se puede determinar la causa.

Sabemos que la conducta de monta no se revierte con la castración, y puede persistir toda la vida, incluyendo la erección.

Dentro de las posibles explicaciones de la conducta de monta podemos encontrar las siguientes:

- Conducta sexual: la monta puede ser de naturaleza puramente sexual, tanto en machos como en hembras, enteros o castrados. Normalmente, el contexto es bastante claro cuando la monta es de tipo sexual, quizás una perra en celo o que lo ha terminado hace poco o situaciones similares. Los cachorros que están alcanzando la pubertad también pueden manifestar una monta indiscriminada hacia todo lo que se les ponga por delante. Un macho puede redirigir la conducta de monta a un objeto u otro animal si su objetivo no está presente (por ejemplo, una perra en celo en el vecindario). La conducta sexual puede estar frustrada o reprimida, es decir, en un macho fértil que no tiene oportunidad de satisfacer su conducta sexual. Por lo que cualquier estímulo la desatará en mayor medida. Por ejemplo, un macho entero que no satisface su conducta sexual puede licitarla hacia otro estímulo como una visita en casa o el gato. Podemos ver a un macho montando a otro macho que lleva el olor de una hembra en celo. También si lo llevamos nosotros en nuestros pantalones. En hembras, la mayor parte de las montas ocurren durante el estro. En este caso la castración es más efectiva para eliminar la conducta si es que obedece a un impulso sexual. En el macho, sin embargo, sabemos que la conducta de monta no se revierte con la castración, y puede persistir toda la vida, incluyendo la erección.

- Estrés, excitación, ansiedad, frustración: en este caso, la monta es una conducta de desplazamiento que realiza el perro en respuesta a un conflicto emocional interno. La ansiedad y la excitación son probablemente, una de las principales causas que lleva a los perros a montar, sobre todo porque son problemas que nos encontramos frecuentemente en los hogares de hoy día. Cuando el perro se encuentra ante alguna situación que no sabe cómo afrontar, puede realizar la monta como una forma canalizar el estrés. Por ejemplo, un perro podría montar a una persona que viene de visita a casa porque no sabe cómo interactuar con él. También puede representar una demanda de atención que habitualmente se ve reforzada. Las interacciones en forma de castigos y algunas manipulaciones también pueden desencadenar una conducta de monta hacia la persona u otros objetos o individuos. La monta también es normalmente expresada simplemente como vía de liberar energía en un perro que está cargado de ella, al igual que puede hacerlo escarbando o ladrando.

- Destete temprano y/o socialización deficiente: para poder desarrollar una conducta reproductiva normal es fundamental que el cachorro se críe con su madre. Además, durante el periodo de socialización estas conductas se ensayan en el juego entre cachorros, primera forma de aprendizaje de conductas. La monta hacia individuos de otras especies o de manera inadecuada ocurre normalmente cuando el perro en cuestión ha tenido una socialización deficiente o ha sido separado de su madre y su camada.

- Juego: la monta forma parte de las conductas expresadas en el juego entre cachorros y entre individuos adultos.

- Conducta social: podemos ver a los perros montar como reflejo de la conducta social en las relaciones con otros perros (dominantes sobre subordinados). En los últimos años, se ha visto un incremento de la atribución de cualquier tipo de comportamiento a la llamada dominancia, cosa que es totalmente incorrecta como se explica en el capítulo 7.

- Problemas médicos: un perro macho podría montar a otro macho debido a un tumor testicular o a la administración de medicamentos. Y en hembras podemos encontrar patologías de las vías urinarias, vaginitis o problemas de los sacos anales, así como tumores y problemas hormonales.

- Otras causas frecuentes pueden ser acicalamiento o curiosidad. Algunas hipótesis explican la conducta de monta en hembras por la permanencia en el útero entre dos fetos macho y la transferencia de andrógenos a través de la placenta.

Como vemos, esta conducta es más normal de lo que nos podía parecer en nuestros compañeros caninos. El problema que se nos presenta en el contexto casero es no saber identificar cuándo estos comportamientos pueden ser problemáticos, debido a no tener la información adecuada. Por ello, siempre debemos contar con nuestro veterinario especialista.

El tratamiento de este problema, aunque no sea un problema realmente, pasa irremisiblemente por diagnosticar previamente la causa. No debemos actuar sin saber a qué es debido, porque seguramente no obtendremos resultados y empeoraremos la relación con nuestra mascota, dado que no entenderá qué queremos de él, e incluso puede derivar en otras conductas problemáticas.

En algunos casos, se puede disminuir la excitación que produce la conducta final de monta, enriqueciendo el ambiente, haciendo ejercicio físico y mental o aumentando las relaciones sociales del animal. Reducir las situaciones de estrés es también una medida importante para disminuir el comportamiento.

El problema principal es que es una conducta muy reforzante para el animal, por eso vemos frecuentemente que el perro puede masturbarse montando objetos o lamiéndose. De todas formas, cuanta menos atención les prestemos en estos momentos mejor, para no añadir un refuerzo extra.

El contracondicionamiento puede funcionar también. Se trata de entrenar una conducta incompatible con la de monta y que represente tranquilidad, por ejemplo, sentarse o tumbarse. De esa manera pronunciaríamos esa señal y premiaríamos la conducta alternativa.

En definitiva, una socialización y cría adecuadas, la estimulación física y mental y una educación asesorada harán que nuestro perro se comporte de manera equilibrada. Además de chequeos periódicos con su veterinario.

CAPÍTULO 46

LA AGRESIVIDAD ENTRE PERROS QUE CONVIVEN

Exponemos en este capítulo el caso de Kira (Img.1), una perrita que ha comenzado a mostrar agresividad frente a sus compañeros caninos de grupo.

Aunque te pueda parecer mentira, los perros utilizan la agresividad de forma natural para comunicarse (ver capítulo 30 de este libro). Un perro puede gruñir a otro si no quiere que se acerque por diversos motivos: le da miedo, lo considera una amenaza, no quiere compartir su espacio o algo que posee, le duele algo o está irritado.

Imagen 1. Kira durante la consulta permaneciendo atenta a la comida que manipulo.

Cuando los perros utilizan la comunicación de manera adecuada, es decir, ambos entienden lo que está diciendo el otro y responden en consecuencia, no tiene por qué haber consecuencias negativas; siempre que los perros tengan libertad para comunicarse, es decir, no se les reprima mediante la sujeción con la correa, la restricción de espacio o el castigo.

A veces, si dos individuos están disputando en una interacción el mismo recurso, puede darse un enfrentamiento entre ellos que llegue a producir una lucha. Por ejemplo, si los dos quieren estar cerca del propietario o defienden un hueso, la comida o un juguete que les importe por igual.

Pero lo habitual es que, mediante un lenguaje ritualizado en forma de posturas corporales, todo se resuelva y la cosa no llegue a mayores consecuencias. Así, los individuos de un grupo van definiendo su jerarquía, mediante interacciones agonísticas de dominancia-sumisión llevadas a cabo de dos en dos.

En el caso que nos ocupa, Kira ha comenzado a tener encuentros agresivos acabando en mordedura con algunos de sus compañeros, sin haber ocurrido nunca anteriormente. Esto nos hace pensar en varias causas:

- Que exista un problema orgánico.
- Que haya ocurrido algún cambio ambiental que lo haya favorecido.
- Que Kira haya llegado a la madurez social, comenzando a tomarse más en serio determinadas interacciones.
- Que tenga miedo, dolor o irritación.

En la consulta observamos varios hechos:

- Kira es una perrita miedosa.
- En su entorno tienen poca estimulación (no salen a la calle nunca).
- Hace 2 meses ha llegado una perrita nueva con la que ha formado un gran vínculo.
- Tiene síntomas de posibles problemas orgánicos: dermatitis y pérdida de peso.

Por tanto, hay varios condicionantes que han podido causar esas agresiones.

Lo primero que recomendamos es descartar las posibles causas médicas que puedan estar contribuyendo. Para ello, la remitimos a su veterinario generalista que llevará a cabo diversas pruebas.

Como medidas de tratamiento conductual cuando dos perros que conviven se pelean podemos recomendaros las siguientes:

- Separa a los perros sin interponerte, dado que puedes salir malparado si redirigen la agresión (aunque sin intención por su parte). Se pueden utilizar métodos como una silla colocada entre los perros, una manguera con agua, volcar un cubo de agua sobre los perros, hacer sonar el timbre o algún otro sonido que los distraiga.
- Una vez separados mantenlos tranquilos y a distancia prudencial, sin utilizar el castigo en ningún momento.
- Espera a que se tranquilicen y observa su conducta. Puede que vuelvan a acercarse y comiencen la fase de reconciliación, que es normal en estos casos. Si esto no ocurre y continua la tensión es el momento de mantenerlos separados.
- Durante el tiempo que están separados se pueden dar paseos juntos para fomentar de nuevo el vínculo. Primero se mantendrá una distancia prudencial entre ellos para evitar enfrentamientos, de manera que la reacción agresiva no se repita.

- Durante el paseo puedes ir asociando el hecho de estar juntos con un estímulo positivo: comida, juego o caricias.

- Poco a poco, y con el tiempo, irás disminuyendo la distancia entre ellos, hasta volver a realizar la entrada en casa juntos y permanecer en la misma estancia de manera tranquila.

- No se recomienda dejar solos en casa hasta que no esté todo resuelto.

Como siempre, recomendamos acudir a tu veterinario generalista o especialista para que asesore tu caso de manera individual.

CAPÍTULO 47

CÓMO COGER A UN PERRO ABANDONADO O ACCIDENTADO

Seguramente más de uno os habréis encontrado en esta situación alguna vez. Desgraciadamente, en nuestro país es muy frecuente ver cómo alguien para un coche, se baja, deja un animal y se va sin mirar atrás. Esto ocurre en las carreteras, en la puerta de los refugios o de las clínicas veterinarias y, en ocasiones, hasta en un paseo marítimo transitado.

Si te encuentras a un animal así, puedes hacer dos cosas: esperar a que otra persona lo recoja o llamar a alguien o algún servicio que lo haga, o bien recogerlo tú mismo.

Debes saber que, en el caso de que seas tú quien recoja al animal, podrás encontrarte en la situación de que no esté identificado. Así que serás tú quien deba hacerse cargo de él introduciéndolo en tu hogar o abonándole una residencia para mascotas. En el primero de los casos, tendrás que tener en cuenta lo que opine el resto de tu familia al respecto y, si tienes otros animales en casa, tener cuidado con la forma en que hagas la introducción.

Lo primero a tener en cuenta si te has parado y pretendes recoger al perro son las posibilidades de causar accidentes, sobre todo si se encuentra en una carretera. Lo más probable es que el animal se encuentre en un estado de shock, confusión, pánico o miedo. Quizás simplemente tu presencia lo asuste y salga corriendo, con lo que además de perderlo podrá causar daños a otras personas o vehículos. A veces es inevitable que un animal en esa situación huya, por mucho que intentes que no ocurra. Por eso, antes de que suceda esto, quizás deberías tomarle una foto o vídeo, por si se escapa poder difundirlo a través de las redes sociales o mostrarlo a las autoridades (Imgs .1 y 2). Llamar a alguien que pueda estar disponible para acudir a ayudarte también es buena idea y, antes de bajarte del coche, observar todo lo posible acerca del animal: en qué condiciones se encuentra, si está en mal estado, si tiene heridas, si cojea, si tiene miedo, si lleva collar o correa para poder agarrarlo en un momento dado, los movimientos que hace, si está paralizado, etc.

Para conseguir cogerlo (o al menos intentarlo) deberás evitar aparecer como una amenaza. Para ello el acercamiento debe hacerse primero por una sola persona, agachada, sin mirar al animal, muy despacio y, si es posible, mejor ofreciendo el lateral del cuerpo o la espalda. Si tienes comida, llevarla en las manos puede que suponga un atractivo para el perro, aunque en situaciones de miedo a veces no funcionará.

Si consigues que el perro se acerque o ser tú quien alcance a estar a su lado, hay que evitar por todos los medios hacer movimientos bruscos o ruido, o habrás perdido casi seguro toda posibilidad existente de atraparlo. Puedes ir ofreciendo con cuidado el dorso de la mano para que el perro la olfatee, la comida y así ir obteniendo información de sus intenciones. Observa mientras tanto de reojo en qué condiciones se encuentra y qué comportamiento tiene ahora que estás más cerca.

Si el perro permanece a tu lado, poco a poco irás dándote la vuelta sin movimientos

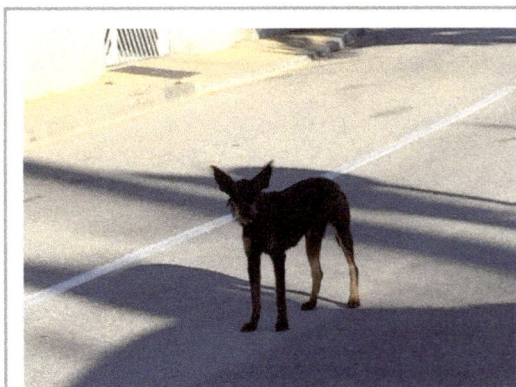

Imagen 1. Foto tomada a una perra encontrada en una urbanización.

Imagen 2. Observando a la perra desde lejos se le siguen haciendo fotos para publicarlas en redes sociales.

amenazantes y seguirás observando. Progresivamente, intenta acercar tu mano por debajo a distintas partes de su cuerpo mientras le das comida. Si te deja de buen grado, probablemente puedas ponerle una correa y subir al coche. Si ya lleva collar o correa, será más fácil agarrarlo de ahí. Si no dispones de una correa, pueden ocurrir dos cosas: que el perro te acompañe por su propio pie, cosa bastante improbable, o que tengas que cargarlo en brazos para introducirlo en el coche. Si esto es necesario, lo harás introduciendo ambos brazos por debajo del cuerpo del animal: el izquierdo por delante del pecho y el derecho por debajo del vientre o por detrás de los muslos. Si se le puede colocar algo por encima de la cabeza para que no vea, se asustará menos: una toalla, un trapo, un jersey. De esta manera te incorporas con cuidado y vas hasta el coche con movimientos suaves, aunque con paso ligero.

Hay que tener en cuenta que cualquier perro en una situación de miedo puede reaccionar de manera defensiva, por lo que hay que prestar especial atención a su cara, por si te ofrece gestos de elevar labios, mirar de reojo, orejas y boca estiradas hacia atrás o gruñido.

Cuando llegues a tu destino y procedas a bajar al perro del coche, debes hacerlo con el mismo procedimiento.

Si el perro huye y podemos localizarlo o es un perro callejero al que tenemos localizado, este procedimiento deberá ser seguido y quizás repetido durante mucho tiempo y a diario. Es importante que siempre sea la misma persona la que lo lleve a cabo, para que el perro pueda ir generando confianza hacia ella, y nunca perder la paciencia e intentar cogerlo por la fuerza, o perderemos el camino andado.

En el caso de que sea un perro accidentado, se puede usar el mismo protocolo, aunque habrá que tener en cuenta que un perro accidentado tendrá posiblemente dolor, por lo que casi con toda seguridad podrá defenderse (a no ser que esté en shock o en muy mal estado), y además el manejo deberá ser muy cuidadoso. En estos casos es mejor disponer de ayuda para poder manejar la situación. Para transportar al animal podemos ayudarnos de una manta o toalla que colocaremos debajo de su cuerpo. Un transportín o un elemento similar son importantes para que el perro se mueva lo menos posible.

Tanto en uno como en otro caso, debemos acudir inmediatamente a un veterinario para proceder a la identificación del animal y a su tratamiento. Y, si ha ocurrido un accidente o es posible que ocurra, debemos comunicarnos con el 112 o con la Guardia Civil.

CAPÍTULO 48

¿CÓMO ENSEÑARLE A HACER SUS NECESIDADES EN UN SITIO ADECUADO?

La preferencia por un sustrato concreto para hacer las necesidades se empieza a desarrollar sobre las 8-9 semanas de edad en el cachorro. Este sería el momento de elección para enseñarle a discriminar entre los sustratos permitidos y los prohibidos, o un sustrato específico o preferido (Img. 1).

En este momento el cachorro, de manera ideal, se encontrará con su madre y su camada o llevando a cabo el

Imagen 1. Cachorro de 2 meses de edad que es llevado al césped para sus eliminaciones.

tránsito hacia su nueva vida. El criador podría comenzar con este proceso de enseñanza y luego continuarlo el nuevo propietario.

Una vez el propietario tenga al cachorro en casa, probablemente recibirá instrucciones de su veterinario de no sacarlo a la calle hasta que finalice la vacunación. Ya hemos comentado en el capítulo 13 que esto se puede llevar a cabo si se hace de manera cuidadosa y siempre siguiendo instrucciones precisas de los profesionales de la salud. Podemos elegir zonas poco visitadas por otros perros para ir dándole oportunidades a nuestro cachorro de inspeccionar y olfatear y así conseguir que haga sus necesidades poco a poco. Para ello, habrá que ponerlo en contacto con esa zona en múltiples ocasiones a lo largo del día, considerando que no tienen desarrollada la capacidad fisiológica de controlar la orina.

Si se prefiere tener al cachorro en casa sin sacarlo al exterior, se deberá disponer una zona de eliminación de tamaño grande con acceso permanente y muy cerca de donde se encuentre ubicado el cachorro. Se puede colocar un sustrato de eliminación como papel, empapadores, arena, césped artificial, etc. Pero, cuando se comience a salir a la calle con el animal, deberá existir un periodo de transición entre hacerlo en casa y en la calle, con lo que el trabajo puede que sea doble, sin utilizar castigo por seguir haciéndolo en casa.

Para poder enseñar a un perro, como en cualquier otro aspecto del comportamiento, es imprescindible poder monitorizar o supervisar la conducta del individuo, es decir, estar delante en el momento en que se necesite reforzar la conducta adecuada. Si no es posible hacer esto, se suele recomendar introducir al cachorro en un espacio pequeño, en donde en principio no debería hacer sus necesidades. Aunque esto último es comprometido, ya que dependiendo del número de horas que vaya a pasar en su interior podría ser perjudicial para el animal.

El cachorro se llevará a la zona seleccionada (casa o calle) o se le permitirá el acceso fundamentalmente después de comer y beber, dormir o descansar y antes y después de jugar. Si se puede hacer más veces, mejor. Y se le proporcionará un refuerzo positivo (mejor si es algo de comida apetecible) inmediatamente después y cada una de las veces que lo haga correctamente. Hay que dejar que el cachorro olfatee la zona y, si la conducta no es perfecta, no hay que desesperarse.

No recomendamos utilizar el castigo, ya que el cachorro probablemente no va a entender lo que queremos. El castigo genera miedo, deterioro del vínculo y ansiedad (ver capítulo 9 de este libro). Si falla, simplemente no lo premiaremos.

Al igual que ocurre con los niños pequeños, cada individuo se desarrolla a su ritmo. Por lo tanto, adquirirá su capacidad de control de esfínteres en tiempos y momentos diferentes. No podemos obligar a un individuo a que lo haga porque es cuestión de maduración. Si el perro de tu amiga ya hace sus cosas en la calle, te alegrarás por él y continuarás con la enseñanza y el aprendizaje de tu cachorro, que seguro que lo hará estupendamente cuando le corresponda. Mientras tanto, te toca estar todo el día fregona en mano y con una sonrisa en la cara siempre para él.

CAPÍTULO 49

MI PERRO ES VIEJECITO

Con este capítulo quiero hacer un llamamiento a favor de los perros viejos que tan olvidados están hoy en día. Y no es en balde, sino basado en mi experiencia clínica de estos últimos años como veterinaria y como etóloga.

¿Por qué un perro con 9 años que está empezando a tener artrosis de cadera no puede vivir unos años más? ¿Y por qué una perrita vieja que muerde está abocada trágicamente a la inyección letal? ¿Es que cuando llegan a cierta edad nuestros compañeros de toda la vida molestan? Nos dan demasiadas preocupaciones, claro. Tenemos que oír expresiones como: "no, ya está vieja, para qué voy a gastar más dinero si no va a durar mucho"; o "si no le funciona el corazón ni las piernas, para qué voy a probar con medicamentos".

Afortunadamente, en el mundo animal tenemos la facultad de poder dar descanso a un animal cuando está sufriendo, pero igualmente tenemos la ayuda del progreso de la ciencia para poderles alargar la vida cuando llegan a una edad difícil con medicación, dietas específicas para cada enfermedad, cuidados veterinarios, fisioterapia, modificaciones de conducta, etc.

Llega un momento en que los perros empiezan a achacar el paso del tiempo, como cualquier especie. También es verdad que en la vida salvaje − en la naturaleza o en la vida callejera − estos animales tienen los días contados al no poder valerse por sí mismos igual que antes para obtener sus recursos. Pero, ¿qué pasa con la domesticación? ¿No es eso lo que queremos y reivindicamos continuamente para un perro? ¿No queremos proporcionarles hogar, alimento, cobijarlos si llueve por si cogen un resfriado o que no se mezclen con otros perros por si les muerden? Recogemos perros callejeros para intentar que los adopten, pero ¿no los ayudamos cuando ya no ven, no pueden andar o están desorientados?

El código ético de la profesión veterinaria promueve que debemos respetar las decisiones de los propietarios, aunque también que debemos informarles de todas las opciones disponibles para solucionar su problema y que debemos anteponer sobre todo lo demás el bienestar del animal, incluso si el propietario no puede pagarlo.

¿Cómo puedes saber que tu perro entra en la edad crítica? Los perros llegan a la edad senior a una edad determinada según razas. Las razas pequeñas a los 8 o 9 años, las medianas a los 7, las grandes y gigantes a los 5 (Img. 1

a 3). Recomendamos hacer un chequeo geriátrico cuando el perro alcanza este umbral. Con una analítica de sangre y una radiografía podemos controlar su estado general y ver si empieza a haber alguna alteración.

Si el chequeo geriátrico es normal, puedes seguir adelante tranquilamente, sabiendo que tu perro está feliz y sano, y que has hecho lo correcto. Si algún parámetro está alterado, podrás empezar a controlarlo a tiempo. Y aun siendo todo normal, puedes usar la prevención a partir de esas edades: antioxidantes, ácidos grasos esenciales, protectores del cartílago articular, dietas específicas, etc. Podemos y debemos actuar siempre desde la prevención.

Bien, y en caso de que no hagas esto ¿cómo puedes saber que a tu perro le pasa algo? Normalmente manifiestan cambios en el comportamiento. Estos son algunos síntomas que puedes advertir:

- El perro deja de comer.

- Está más tiempo tumbado.

- .No juega como antes.

- Intolerancia al ejercicio.

- Ahogos, respiración pesada o abdominal, desmayos.

Imagen 1. Perro geriátrico de 15 años.

Imagen 2. Observa cómo su cabeza está cubierta de canas, ha disminuido la masa muscular y los huesos de cráneo y cara pueden observarse a simple vista.

- Cojeras.

- Incoordinación, desorientación.

- Vuelta atrás en el aprendizaje de la eliminación: se hacen sus cosas en casa.

- Agresividad.

- Mayor dependencia del dueño o, por el contrario, demasiada independencia.

- Desarreglos en el ciclo sueño-vigilia.

- Mal aliento, trastornos gastrointestinales.

- Destrozos y vocalizaciones al quedarse solo en casa.

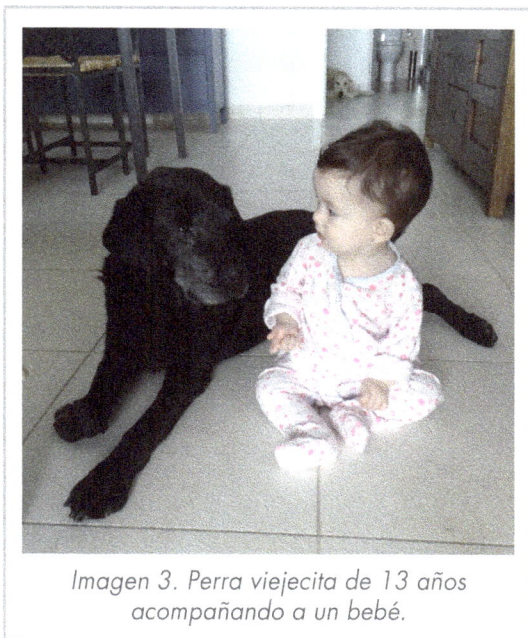

Imagen 3. Perra viejecita de 13 años acompañando a un bebé.

Estas son algunas de las muchas señales que ellos nos envían y que a veces no sabemos interpretar ni sus dueños ni sus veterinarios. Estos problemas de conducta pueden ser el reflejo de alteraciones orgánicas o del propio comportamiento. Se impone primero descartar lo orgánico, como siempre explicamos. En los perros viejos hay muchas patologías que pueden ocasionar todos estos cambios en la conducta normal del animal: hormonales, digestivos, cardiacos, respiratorios, óseos, oncológicos, renales, hepáticos y un largo etcétera. El veterinario es el que debe detectarlo con las pruebas necesarias.

Sin embargo, existe un trastorno específico de la edad avanzada, muy difícil de reconocer y que fácilmente se confunde con otros problemas de comportamiento por errores en el diagnóstico: es el Síndrome de Disfunción Cognitiva (SDC). Se trata de una degeneración neuronal que hace que el animal pierda la capacidad cognitiva normal, por eso provoca alteraciones en el comportamiento como algunas que hemos reseñado en la lista anterior. Es una patología que no tiene solución pero que sí se puede frenar en su progreso con distintas actuaciones a varios niveles: comportamental, médico y dietético.

El hándicap principal de este problema de conducta es la falta de detección temprana. En la mayoría de los casos, una vez que se detectan los síntomas, el problema ya está muy avanzado. Y esto empeora las posibilidades de tratamiento.

Según un estudio español, en cuanto a la prevalencia del SDC, este afecta al 22,5% de los perros mayores de 9 años. Un dato muy importante es que el SDC se utiliza como modelo para el estudio de la enfermedad de Alzheimer en humanos. Los causantes de este trastorno neurodegenerativo son varios:

- La acumulación de sustancia ß-amiloide en el cerebro. A más cantidad, mayor gravedad de los síntomas.

- Aumento de radicales libres que producen daño oxidativo, con la consiguiente muerte de neuronas.

- Disminución del riego sanguíneo a determinados niveles.

- Cambios en la expresión de algunos genes.

El diagnóstico del SDC se lleva a cabo por descarte, por lo que el veterinario deberá tener en cuenta otras patologías antes de afirmar que el perro padece realmente este problema. El diagnóstico está muy limitado por la falta de detección temprana de los síntomas. De aquí que sea tan importante realizar chequeos geriátricos tempranos en las mascotas. En ellos se llevan a cabo distintas pruebas que nos ayudarán a los profesionales a detectar cualquier síntoma de enfermedad para poderla tratar a tiempo.

Hay muchas patologías asociadas al envejecimiento, y estas pueden aparecer concomitantemente o no al SDC, incluso pueden agravarlo. No todos los perros muestran deterioro cognitivo con la edad. Y en cuanto a los individuos en los que sí aparecen síntomas, estos pueden ser leves o graves, dependiendo de la afectación cerebral. Los signos o síntomas a través de los cuales podemos diagnosticar un SDC se agrupan en 4 clases principales. Te los detallamos a continuación:

- Alteraciones del ciclo sueño/vigilia: animales que no descansan bien, se despiertan frecuentemente de noche, deambulan por la casa como sin rumbo, vocalizan de noche.

- Cambios en las interacciones sociales con los propietarios u otros animales: menos interacción, miedo, no los reconocen, no los saludan o, por el contrario, más demandas de atención y también agresividad.

- Pérdida de esos hábitos higiénicos y de comportamiento que el animal ya tenía adquiridos desde hace tiempo: por ejemplo, se pueden encontrar micciones y defecaciones en casa, destrozos, desobediencia, robar comida, falta de actividad.

- Desorientación: mirada perdida, desconocimiento de lugares ya conocidos, deambulación, colocación en sitios incorrectos de las puertas.

Estos signos no tienen por qué aparecer todos juntos y mediante test neuropsicológicos pueden detectarse a edades bastante tempranas. Actualmente existe un test de identificación que puede realizar tu veterinario en consulta y que valora los síntomas con puntuaciones.

Como ya hemos mencionado, cuanto más precozmente pueda instaurarse el tratamiento, mejor pronóstico tendrá la enfermedad, ya que seremos capaces de frenar el avance de los síntomas. Este se basa en intervenciones a distintos niveles:

- Modificaciones en la conducta y en el entorno. Con estas modificaciones lo que se pretende es que el animal lo tenga más fácil a la hora de desenvolverse en el entorno en el que vive debido a sus limitaciones. Además, debe ejercitar la memoria con ejercicios sencillos en positivo. Por supuesto, el castigo está totalmente contraindicado. El ambiente ha de convertirse en predecible, seguro, familiar y cómodo: crear rutinas y facilitarlas, facilitar los accesos y señalizarlos, encender luces, colocar camas más confortables, incrementar los sitios donde el animal come y bebe, evitar los cambios, aumentar la interacción, promover el ejercicio físico y mental en la medida de lo posible para el animal.

- Tratamiento farmacológico y feromonoterapia. Hay distintos fármacos disponibles que tu veterinario podrá prescribir. Estos productos frenan el progreso de la enfermedad, restableciendo el riego cerebral y el equilibrio neuroquímico. La feromona de apaciguamiento canina disminuye el estrés asociado a la patología y proporciona un entorno más seguro.

- Manejo nutricional. Sobre todo, en casos detectados tempranamente se puede intervenir a nivel nutricional mediante dietas y nutracéuticos que aportan antioxidantes y protectores de las membranas celulares.

Esperamos que tú también puedas ayudar a tu compañero viejecito con esta información.

CAPÍTULO 50

PROBLEMAS MÉDICOS Y DE COMPORTAMIENTO

El comportamiento es la expresión de la respuesta del animal a su medio interno y al entorno. Esta respuesta dependerá de la percepción individual del animal.

El comportamiento de cualquier animal depende directamente del funcionamiento de sus órganos y sistemas. Muchos problemas médicos pueden modificar su funcionamiento. Por lo tanto, los problemas médicos pueden alterar el comportamiento del animal (Camps, 2015).

El papel del veterinario en los problemas de salud de los animales es diagnosticar y tratar estos problemas convenientemente, en la medida en que esto sea posible. Los problemas de conducta son problemas clínicos del animal como pueden ser muchos otros, por lo que la conducta no debe ser considerada como una entidad separada, sino como parte fundamental e integrante de la totalidad del individuo.

Esto es aún más importante cuando el comportamiento se convierte en una de las manifestaciones del funcionamiento interno del organismo y las alteraciones de la conducta pueden modificar a su vez este funcionamiento.

Además, existen muchas alteraciones conductuales fruto de alteraciones internas del animal que no tienen un reflejo en datos clínicos, como parámetros de analíticas sanguíneas o pruebas de imagen. Por ello debemos prestar mucha atención a cualquier cambio en el comportamiento normal del animal, sobre todo si es repentino, ya que puede significar que algo está pasando en su interior.

Si un animal presenta una alteración aguda de la conducta sin que haya sufrido ningún episodio traumático, lo primero que debemos pensar es que se debe a un problema orgánico. El dolor es uno de los procesos que cursa frecuentemente con cambios en el comportamiento. El dolor puede provocar miedo, agresividad, huida, conductas repetitivas, alteraciones del sueño o reactividad. En ocasiones pasamos por alto que a nuestro perro le pueda doler algo y pensamos que puede ser algo bastante usual, sin embargo, él no te dirá que le duele, al menos no con palabras. Pero sí puede hacerlo ver de otras maneras, como esconderse, dejar de comer, gruñir o morder si se le intenta tocar, deambular.

Otro de los síntomas conductuales que se presentan con mucha frecuencia y que puede ser reflejo de un problema médico es la micción o la defecación inadecuadas. ¿Y qué decir de las alteraciones del sistema nervioso o los problemas hormonales, cardiacos, urológicos o dermatológicos? En ocasiones nos encontraremos con patologías que únicamente tienen manifestación en alteraciones del comportamiento.

El estrés, mal común de la sociedad de hoy y día y, por ende, de nuestras mascotas, también tiene manifestaciones muy importantes a nivel conductual e influye de manera fundamental en los distintos periodos del desarrollo del individuo.

¿Qué suele ocurrir cuando un animal muestra una conducta extraña? Te pongo un ejemplo: tu perro te gruñe, se hace sus necesidades en casa o se niega a salir a la calle. En muchos casos se le castiga, causando un agravamiento del problema y de la conducta.

Piensa en todo esto cada vez que tu perro se comporte de una manera que en tu opinión puede ser inadecuada. Llévalo al veterinario e insiste en que se le explore y se le hagan pruebas. Y, si no mejora, contacta con un veterinario especialista en conducta. La colaboración entre profesionales de la salud es fundamental para llegar a un diagnóstico certero.

El veterinario diagnosticará el problema – tanto si es orgánico como conductual – e implantará el tratamiento multimodal que se requiera en cada caso, mediante la utilización de medidas de modificación de conducta, modificación del ambiente, fármacos, nutracéuticos y feromonas (feromona apaciguadora canina). La utilización de una o varias de estas medidas están supeditadas al estudio individual de cada caso.

CAPÍTULO 51

BIBLIOGRAFÍA

1. AAHA/AAFP (2007). Pain management guidelines for dogs & cats. *Journal of the American Animal Hospital Association.*

2. Álvarez, R. (2016). Disminuir el estrés en el manejo en la clínica. *Clinetovet,* 3, 2-18.

3. *Amat, M. (2012). Estrés y problemas asociados.* Webinar.

4. *Amat, M. & Hernández, P. (2011). Manejo del perro y del gato en el veterinario (1st ed., pp. 8-14). AVEPA.*

5. Amat, M., Camps, T., Le Brech, S., Tejedor, S. (2016) *Manual práctico de etología clínica en el perro.* Multimédica. Barcelona.

6. Amat, M., Camps, T., le Brech. S, Manteca, X. (2014) Separation anxiety in dogs: the role of predicatbility and contextual fear on behavioural treatment. *Animal Welfare,* 23: 264-266.

7. Anisman, H., Zaharia, M. D., Meaney, M. J., & Merali, Z. (1998). Do early-life events permanently alter behavioral and hormonal responses to stressors? *International Journal of Developmental Neuroscience, 16*(3), 149-164.

8. Appleby, D., Pluijmakers, J. (2003) Separation anxiety in dogs. The function of homeostasis in its development and treatment. Vet. Clin. North. Am. Small Anim. Pract. 33: 321-344.

9. Asociación de veterinarios españoles especialistas en pequeños animales (AVEPA, 2016). *Posicionamiento sobre recomendaciones sobre el uso de la acepromacina en fobias en perros.* Recuperado de http://www.avepa.org/index.php?option=com_content&view=article&id=325:recomendaciones-del-gretca-sobre-el-uso-de-la-acepromacina-en-problemas-de-fobias-en-perros&catid=3:newsflash.

10. *AVSAB Position Statement on the Use of Dominance Theory in Behavior Modfication of Animals.* (2008) (1st ed.). Retrieved from http://avsabonline.org/uploads/position_statements/Dominance_Position_Statement_download-10-3-14.pdf

11. *AVSAB Position Statement on the Use of Punishment for Behavior Modification in Animals.* (2007) (1st ed.). Retrieved from http://avsabonline.org/uploads/position_statements/Combined_Punishment_Statements1-25-13.pdf

12. Bartges, J., Boynton, B., Vogt, A. H., Krauter, E., Lambrecht, K., Svec, R., & Thompson, S. (2012). AAHA Canine Life Stage Guidelines*. *Journal of the American Animal Hospital Association, 48*(1), 1-11.

13. Beaver, B. (2009). *Canine behavior*: insights and answers. St. Louis, Missouri, USA.: Saunders/Elsevier.

14. Beaver, B. V. (1999) *Canine behavior: a guide for veterinarians*. Philadelohia, USA. Saunders.

15. Berns, Gregory. (2017). *What is like to be a dog*. Basic books. New York.

16. Blackwell, E.J., Twells, C. Seawright, A., Casey, R.A., 2008. The relationship between training methods and the occurrence of behaviour problems, as reported by owners, in a population of domestic dogs. Journal of Veterinary Behavior: Clinical Applications and Research. 3, 207-217.

17. Bowen, J., Heath, S. Behaviour problems in small animals. Elsevier Saunders. (2005) Philadelphia, USA.

18. Bradshaw J. W. S., Blackwell E. J., Casey R.A. Dominance in domestic dogs – useful constructor or bad habit? ELSEVIER Journal of Veterinary Behavior (2009) 4, 135-144.

19. Bradshaw, J. W. S., Mcpherscn, J. A., Casey, R. A., Larter, I. S. (2002) Aetiology of separation related behaviour in domestic dogs. Vet. Rec. 151: 43-46.

20. Camps, T., Amat, M. Cambios de comportamiento asociados al dolor en animales de compañía. Grupo Asís Biomedia S.L. (2013) Zaragoza.

21. Camps, T., Amat, M., Mariotti, V. M., Le Brech, S., & Manteca, X. (2012). Pain-related aggression in dogs: 12 clinical cases. *Journal of Veterinary Behavior: Clinical Applications and Research*, 7(2), 99-102.

22. De la Vega, S. Collares eléctricos: lo que un veterinario debe saber. Boletín Gretca (AVEPA) 17, 4-8. Retrieved from http://www.avepa.org/pdf/boletines/Etologia_Boletin_9.pdf

23. Deldalle, S., & Gaunet, F. (2014). Effects of 2 training methods on stress-related behaviors of the dog (Canis familiaris) and on the dog–owner relationship. *Journal of Veterinary Behavior: Clinical Applications and Research*, 9(2), 58-65.

24. Denenberg, S., & Landsberg, G. M. (2008). Effects of dog-appeasing pheromones on anxiety and fear in puppies during training and on long-term socialization. *Journal of the American Veterinary Medical Association*, 233(12), 1874-1882.

25. Dickinson, A. (1980) *Contemporary animal learning theory*. Cambridge University Press. Cambridge.

26. Domjan, M. (2007). *Principios de aprendizaje y conducta*. Editorial Paraninfo.

27. Dreschel, N. A. (2010) The effects of fear and anxiety on health and lifespan in pet dogs. Appl. Anim. Behav. Sci. 125: 157-162.

28. Duxbury, M. M., Jackson, J. A., Line, S. W., & Anderson, R. K. (2003). Evaluation of association between retention in the home and attendance at puppy socialization classes. *Journal of the American Veterinary Medical Association*, 223(1), 61-66.

29. Fatjó, J., & Calvo, P. Estudio de la Fundación Affinity sobre el abandono, la pérdida y la adopción de animales de compañía en España 2016: interpretación de los resultados (2017). *Catedra Fundación Affinity Animales y salud*. Recuperado de www.fundacion-affinity.org/estudios-abandono-y-adopcion

30. Francis, D. D., Young, L. J., Meaney, M. J., & Insel, T. R. (2002). Naturally occurring differences in maternal care are associated with the expression of oxytocin and vasopressin (V1a) receptors: gender differences. *Journal of neuroendocrinology, 14*(5), 349-353.

31. Gaultier, E., Bonnafous, L., Bougrat, L., Lafont, C., Pageat, P. (2005) Comparison of the efficacy of a synthetic dog-appeasing pheromone with clomipramine for the treatment of separation related disorders in dogs. Vet. Rec. 156: 533-538.

32. Gazzano, A., Mariti, C., Alvares, S., Cozzi, A., Tognetti, R., & Sighieri, C. (2008). The prevention of undesirable behaviors in dogs: effectiveness of veterinary behaviorists' advice given to puppy owners. *Journal of Veterinary Behavior: Clinical Applications and Research, 3*(3), 125-133.

33. Gruen, M. E., Sherman, B. L. (2008) Use of trazodone as an adjunctive agent in the treatment of canine anxiety disorders: 56 cases (1995-2007). JAVMA 233: 1902-1907.

34. Hammerle, M., Horst, C., Levine, E., Overall, K., Radosta, L., Rafter-Ritchie, M., & Yin, S. (2014). 2015 AAHA Canine and Feline Behavior Management Guidelines. *Journal of the American Animal Hospital Association, 51*(4), 205-221.

35. Hare, B., & Woods, V. (2013). *The genius of dogs.* Oneworld Publications.London.

36. Hellyer, P., Rodan, I., Brunt, J., Downing, R., Hagedorn, J. E., Robertson, S. A., & AAHA/AAFP Pain Management Guidelines Task Force Members. (2007). AAHA/AAFP pain management guidelines for dogs and cats. *Journal of Feline Medicine & Surgery, 9*(6), 466-480.

37. Hernández, P. Manual de etología canina. Editorial Servet- Grupo Asís Biomedia S.L. (2012) Zaragoza, España.

38. Herron, M. E & Shreyer, T. (2014). The pet-friendly veterinary practice: a guide for practitioners. *Veterinary Clinics of North America: Small Animal Practice*, 44(3), 451-481.

39. Herron, M. E., Schofer, F.S., and Resiner, I.R., 2009. Survey of the use and outcome of confrontational and non-confrontational training methods in client-owned dogs showing undesired behaviors. Appl. Anim. Behav. Sci. 117, 47-54.

40. Hetts, S., Heinke, M. L. & Estep D. Q. (2004). Behavior wellness concepts for general veterinary practice. *Journal of the American Veterinary Medical Association*, 225(4), 506-513.

41. Hiby, E.F., Rooney, N.J., Bradshaw, J.W.S., 2004. Dog training methods: their use, effectiveness and interaction with behaviour and welfare. Anim. Welf. 13, 63-69.

42. Hopfensperger, M. J., Messenger, K. M., Papich, M. G., & Sherman, B. L. (2013). The use of oral transmucosal detomidine hydrochloride gel to facilitate handling in dogs. *Journal of Veterinary Behavior: Clinical Applications and Research, 8*(3), 114-123.

43. Horwitz, D. (2010) Ansiedad por separación en perros. Vet. Focus 20: 18-26.

44. Horwitz, D. & Dale, S. (2014). *Decoding your dog.* New York, USA: American College of Veterinary Behaviorists.

45. Horwitz, D. Agresividad entre perros. Casos clínicos. Ponencias del XXIX Congreso de AMVAC. (2012) Madrid.

46. Horwitz, D., Mills, D. BSAVA Manual of canine and feline behavioural medicine, 2ª ed. BSAVA. (2009) Gloucester, England.

47. Horwitz, D.F.; Neilson, J.C. Canine and feline behaviour, 1ª ed. Blackwell Publishing. (2007) Iowa, USA.

48. Howell, T. J., King, T., & Bennett, P. C. (2015). Puppy parties and beyond: the role of early age socialization practices on adult dog behavior. *Veterinary Medicine: Research & Reports*, 6, 143-152.

49. Kutsumi, A., Nagasawa, M., Ohta, M., & Ohtani, N. (2013). Importance of puppy training for future behavior of the dog. *Journal of veterinary medical science*, 75(2), 141-149.

50. Landsberg, G. M., Melese, P., Sherman, B. L., Neilson, J. C., Zimmerman, A., & Clarke, T. P. (2008). Effectiveness of fluoxetine chewable tablets in the treatment of canine separation anxiety. *Journal of Veterinary Behavior: Clinical Applications and Research*, 3(1), 12-19.

51. Landsberg, G., Hunthausen, W., Ackerman, L. Behavior problems of the dog & cat. Saunders Elsevier (2013) Philadelphia, USA.

52. Lindsay, SR. Handbook of applied dog behavior and training. Iowa university press. (2000) Iowa, USA.

53. Manteca, X. Etología clínica del perro y del gato, 3ª ed.. Multimédica S.A. 2003. Barcelona, España.

54. Mariti, C., Gazzano, A., Moore, J. L., Baragli, P., Chelli, L., & Sighieri, C. (2012). Perception of dogs' stress by their owners. *Journal of Veterinary Behavior: Clinical Applications and Research*, 7(4), 213-219.

55. Mariti, C., Raspanti, E., Zilocchi, M., Carlone, B., & Gazzano, A. (2015). The assessment of dog welfare in the waiting room of a veterinary clinic. *Animal Welfare*, 24(3), 299-305.

56. Matthijs B. H., Schildera B., Joanne A. M van der Borga. Training dogs with help of the shock collar: short and long term behavioural effects. ELSEVIER Applied Animal Behaviour Science Volumen 85, Issues 3-4, 25 March 2004, Pages 319-334.

57. McGreevy, P. D., Henshall, C., Starling, M. J., McLean, A. N., & Boakes, R. A. (2014). The importance of safety signals in animal handling and training. *Journal of Veterinary Behavior: Clinical Applications and Research*, 9(6), 382-387.

58. Meerlo, P., Horvath, K. M., Nagy, G. M., Bohus, B., & Koolhaas, J. M. (1999). The influence of postnatal handling on adult neuroendocrine and behavioural stress reactivity. *Journal of neuroendocrinology*, 11(12), 925-934.

59. Mendl, M., Brooks, J., Basse, C.; Burman, O., Paul, E., Blackwell, E., Casey, R. (2010) Dogs showing separation-related behavior exhibit a "pessimistic cognitive bias". Current Biology, 20 (19): 839-840.

60. Miklósi, A. (2007). *Dog behaviour, evolution, and cognition*. Oxford, New York, USA: Oxford University Press.

61. Mills, D., Karagiannis, C., & Zulch, H. (2014) Stress-its effects on health and behaviour: a guide for practitioners. *Veterinary Clinics of North America: Small Animal Practice, 44* (3), 525-541.

62. Mills, D.S., 2009. Training and Learning Protocols pg 49-64 in BSAVA Manual of Canine and Feline Behavioural Medicine. Second Edition.

63. Nicholson, S. L., & Meredith, J. E. (2015). Should stress management be part of the clinical care provided to chronically ill dogs? *Journal of Veterinary Behavior: Clinical Applications and Research, 10*(6), 489-495.

64. Ortolani, A., Wingerden, S., ten Hove, E., van Reenen, K., & Ohl, F. (2013). Assessing dogs' adaptive capacities at the vet. *Journal of Veterinary Behavior: Clinical Applications and Research, 8*(4), e28.

65. Overall K. L. Clinical behavioral medicine for small animals. Mosby. (1997) St. Louis, Missouri.

66. Overall, K. L., Agulnick, L., Dunham, A. E., Kapes, M., Seksel, K., & Frank, D. (1999). Qualitative and quantitative differences in vocalizations by dogs affected with separation anxiety and unaffected dogs using sonographic analysis. *Proc 2nd World Meet Ethol*, 108-113.

67. Palestrini, C., Minero, M., Cannas, S., Rossi, E., Frank, D. (2010) Video analysis of dogs with separation-related behaviors. Appl. Anim. Behav. Sci. 124: 61-67.

68. Palestrini, C., Previde, E. P., Spiezio, C., & Verga, M. (2005). Heart rate and behavioural responses of dogs in the Ainsworth's Strange Situation: a pilot study. *Applied Animal Behaviour Science, 94*(1), 75-88.

69. Patronek GJ, Glickman LT, Beck AM, McCabe GP, Ecker C. Risk factors for relinquishment of dogs to an animal shelter. JAVMA 1996; 209:572-581.

70. Pearce, J. (1997) *Animal learning and conditioning*. Erlbaum. Hove.

71. Pongrácz, P., Molnár, C. Miklósi, A. (2010) Barking in family dogs: An ethological approach. Vet. J. 183: 141-147.

72. Pongrácz, P., Molnár, Cs., Miklósi, Á., 2006. Acoustic parameters of dog barks carry emotional

73. Pongrácz, P., Molnár, Cs., Miklósi, Á., Csányi, V., 2005. Human listeners are able to classify dog (Canis familiaris) barks recorded in different situations. Journal of Comparative Psychology 119, 136–144.

74. Rehn, T., Keeling, L. J. (2011) The effect of time left alone at home on dog welfare. Appl. Anim. Behav. Sci. 129: 129-135.

75. Schilder, M.B.H., van der Borg, J.A.M., 2004. Training dogs with help of the shock collar: short and long term behavioural effects. Appl. Anim. Behav. Sci. 85, 319-334. Stafford, K., 2006. The Welfare of Dogs. Springer, The Netherlands.

76. Scott, J. P., & Fuller, J. L. (2012). *Genetics and the Social Behavior of the Dog*. University of Chicago Press.

77. Simpson, B. S. (2000) Canine separation anxiety. Compend. Contin. Educ. Pract. Vet. 22: 328-338.

78. Stepita, M. E., Bain, M. J., & Kass, P. H. (2013). Frequency of CPV infection in vaccinated puppies that attended puppy socialization classes. *Journal of the American Animal Hospital Association, 49*(2), 95-100.

79. Takeuchi, Y., Houpt, K. A., & Scarlett, J. M. (2000). Evaluation of treatments for separation anxiety in dogs. *Journal of the American Veterinary Medical Association, 217*(3), 342-345.

80. Tarpy, R. (2000). *Aprendizaje: Teoría e Investigación Contemporáneas.* Madrid: Mc-Graw-Hill Companies.

81. Wells, D. L., & Hepper, P. G. (2000). Prevalence of behaviour problems reported by owners of dogs purchased from an animal rescue shelter. *Applied animal behaviour science, 69*(1), 55-65.

82. Westgarth, C. Why nobody will ever agree about dominance in dogs. ELSEVIER Journal of Veterinary Behavior xxx (2015) pag 1-3.

83. Westlund, K. (2015). To feed or not to feed: Counterconditioning in the veterinary clinic. *Journal of Veterinary Behavior: Clinical Applications and Research, 10*(5), 433-437.

84. Yin, S. (2011). Perfect puppy in 7 days. Davis: Cattle dog publishing.

85. Yin, S. Los stress handling, restraint and behavior modification of dogs & cats. Cattledog Publishing. (2009) Davis, CA, USA.

86. Yin, S., 2002. A new perspective on barking in dogs (Canis familiaris). Journal of Comparative Psychology 116, 189–193.

87. Yin, S., McCowan, B., 2004. Barking in domestic dogs: context specificity and individual identification. Animal Behaviour 68, 343–355.

CAPÍTULO 52

RECURSOS

PÁGINAS WEB

- AABP (Association of Animal Behavior Professionals): http://www.associationofanimalbehaviorprofessionals.com
- AAHA (American Animal Hospital Association): https://www.aaha.org/default.aspx
- ABS (Animal Behavior Society): http://www.animalbehaviorsociety.org/web/index.php
- Adaptil: https://www.adaptil.com/es#redirected
- Amazing books: http://amazingbooks.es
- APDT (The Association of Profesional Dog Tariners): https://apdt.com
- ASPCA (American Society for the Prevention of Cruelty to Animals): https://www.aspcapro.org
- Association of shelter veterinarians: http://www.sheltervet.org
- AVEPA (Asociación española de Veterinarios Especialistas en Pequeños Animales): http://avepa.org
- AVSAB (American Veterinary Society of Animal Behavior): https://avsab.org
- BSAVA (British Small Animal Veterinary Association): https://www.bsava.com
- Center for shelters dogs: http://centerforshelterdogs.tufts.edu
- Cuestionario de sensibilidad a los ruidos: http://surveys.ethometrix.com/s3/fobiasruidosperros?utm_source=AC+veterinarios+%28vectra+launch%29&utm_campaign=c35b20e857-Navidad_2016&utm_medium=email&utm_term=0_4b80ebbe65-c35b20e857-97988509
- DGT: http://www.dgt.es/es/
- Dog ethogram: http://www.suesternberg.com/etho/
- Dog star daily: https://www.dogstardaily.com
- Dog wise: https://www.dogwise.com
- Dogalia: http://www.dogalia.com
- Doggie drawings (Lili Chin): https://www.doggiedrawings.net/

- Doggone safe: https://doggonesafe.com
- Dognition: https://www.dognition.com
- DVM360: http://www.dvm360.com
- ESVCE (European Society of Veterinary Clinical Ethology): http://www.esvce.org
- Etolia etología veterinaria: http://www.etologiaveterinaria.net
- Family dog Project: https://familydogproject.elte.hu
- Fundación Affinity: http://www.fundacion-affinity.org
- GrETCA (Grupo de especialidad de Etología clínica de AVEPA): http://gretca.com
- HSI (Humane Society International): http://www.hsi.org
- I speak dog: http://www.ispeakdog.org
- IAABC (International Association of Animal Behavior Consultants): http://iaabc.org
- Kns ediciones: http://www.knsediciones.com
- Kong: https://www.kongcompany.com/es/
- Multimedica: https://www.multimedica.es
- OCV (Organización Colegial Veterinaria Española): http://www.colvet.es
- Psychology today: https://www.psychologytoday.com
- Revista Argos: http://argos.portalveterinaria.com/seccion/104/argos-online-gratis/
- Revista Canis et felis: https://www.canisetfelis.com/biblioteca-digital/
- Revista Clínica veterinaria pequeños animales: http://www.clinvetpeqanim.com
- Revista Consulta veterinaria: https://www.consultavet.org
- Revista Especies: https://especiespro.es
- Revista My animal magazine: http://www.myanimalmagazine.com
- Servet: http://www.grupoasis.com/m/servet.html
- Sophia Yin: https://drsophiayin.com
- That dog geek: https://www.beacondogtraining.com.au/thatdoggeek
- The blue dog: http://www.thebluedog.org/en
- WSAVA (World Small Animal Veterinary Association): http://www.wsava.org

YOUTUBE

- ABRI Animal Behavior: https://www.youtube.com/channel/UCddhuIXUM0NzYwlZ_2fbq2g

- Adaptil: https://www.youtube.com/channel/UCt6Tnclmx56aaDSDZP2i19g

- APDT: https://www.youtube.com/channel/UCHWk_14bE6nLSGYzB8nqlig

- ASPCA: https://www.youtube.com/channel/UC5ZnXLhlXzKQHlf-t4EoYyA

- AVSA behavior: https://www.youtube.com/channel/UCLUAy5WRzFPNKMQEID-aUH1g

- Bright dog Academy: https://www.youtube.com/channel/UCbupaU5Pekkp-vz681zGPEw

- Canine body language in the shelter: https://www.youtube.com/watch?v=gFFto1XVtxI

- Dog star daily: https://www.youtube.com/channel/UCJElwIEKNngrStFvOdofnug

- DVM360: https://www.youtube.com/channel/UC_QtjJc0Wd3nfDT2lafkrnA

- Family dog Project: https://www.youtube.com/channel/UCbOc2RASuQAwrM-7R1cql4Uw

- Fundación Affinity: https://www.youtube.com/channel/UC1yQNpKYCpN-QI7zLWZjMjRw

- How dogs smell: https://www.youtube.com/results?search_query=origen+del+perro+%28experimento+belyaev%29+parte+i

- Kong: https://www.youtube.com/channel/UC1Rz3vE7ht1ygpJ8q4xpNow

- Origen del perro, el experiment de Belyaev: https://www.youtube.com/results?search_query=origen+del+perro+%28experimento+belyaev%29+parte+i

- Pam's dog academy: https://www.youtube.com/channel/UCpLERy98DEoF_t5zJc5BRg

- Sophia Yin: https://www.youtube.com/channel/UC33WtSzCCnRaY8kQqb3hDsQ

- That dog geek: https://www.youtube.com/channel/UC_mAuMGvtqi2LfeyTWUHcJA

- Turid Rugaas calming signals: https://www.youtube.com/watch?v=Lj7BWxC6iVs

www.ingramcontent.com/pod-product-compliance
Lightning Source LLC
Chambersburg PA
CBHW040853210326
41597CB00029B/4828